Sept 20

Le nucléaire, c'est fini

La Parisienne Libérée

Le nucléaire, c'est fini

La fabrique
éditions

www.lafabrique.fr
lafabrique@lafabrique.fr
Conception graphique :
Jérôme Saint-Loubert Bié
ISBN : 978-2-35872-187-5

La Fabrique éditions
64, rue Rébeval
75019 Paris
lafabrique@lafabrique.fr
Diffusion : Les Belles Lettres

Sommaire

Le sceptre nucléaire

Le nucléaire français est apparu il y a plusieurs décennies de cela, lorsque le sol de l'Élysée fut magiquement frappé par le sceptre d'un souverain général d'armée, hybride géant du Roi-Soleil et du gendarme de Saint-Tropez. En faisant ce choix de grande planification, le pouvoir a tout de suite fait savoir aux populations que, loin des considérations quotidiennes de fin de mois, il raisonnait, lui, en termes de décennies, siècles et millénaires, imposant sa majestueuse et définitive temporalité.

Le choix du nucléaire, militaro-civil comme son inspirateur, a été fait sans nous, qui n'étions pas nés, mais également sans nos parents ni grands-parents, qui n'ont guère été consultés et ont subi une intense propagande nationaliste, autour du thème de la nécessaire « indépendance énergétique » du pays. Face à la détermination martiale des gouvernements sur ce sujet, il a parfois pu sembler vain de s'insurger et, de façon corollaire, il a pu paraître raisonnable de faire confiance à l'État, ou, du moins, de s'accommoder de ses pratiques. De faire avec, quoi. Pourquoi s'attaquer à une question sur laquelle il ne nous est laissé aucune prise ? N'est-ce pas un genre de lutte perdue d'avance ? Après tout, sommes-nous experts en physique nucléaire ? Non. En stratégies énergétiques et guerres internationales ? Non plus. La bonne vieille croyance qui voudrait que *l'État nous protège*, malgré les multiples occasions qui nous sont données de nous rendre compte de la fausseté de cette maxime, consolera peut-être certains. D'autres ne seront pas dupes, mais prendront simplement acte de cette impuissance, du caractère démesuré de l'adversaire. Le nucléaire en France, c'est à la fois l'armée et l'électricité qui chauffe l'eau de nos douches. Dans ces conditions, que faire, sinon s'y résoudre ? Ainsi, depuis les années 1950, les Français ont été fortement incités à considérer le risque nucléaire comme *acceptable*, parce que le pouvoir, dans la continuité de ses incarnations successives et par l'entremise de son *sceptre nucléaire*, l'avait d'ores et déjà accepté pour eux.

Quand, en octobre 1945, de Gaulle crée le Commissariat à l'énergie atomique, il n'envoie pas une petite brochure scientifique et philosophique à toutes les ménagères pour savoir si elles y consentent ou pas. Il signe l'ordonnance n° 45-2563 et puis c'est tout ! Et lorsqu'en mars 1974, le gouvernement Pompidou décide la mise en chantier des centrales actuelles par la voix de Pierre Messmer, ce dernier se contente de s'asseoir sur un plateau à l'ORTF, où Jean-Marie Cavada lui pose des questions convenues. Le Premier ministre n'a plus alors qu'à tourner légèrement la tête pour se positionner face caméra au moment de *l'Annonce* et dire : « Nous avons pris, aujourd'hui même, une décision très importante. Nous avons pris la décision de réaliser en 1974 et 1975 le lancement de treize centrales nucléaires de 1 000 MW, qui coûtent environ un milliard de francs actuels chacune[1]. »

Aussitôt dit, aussitôt fait. *Nucléaire jacta est.*

---

1. *Entretien du Premier ministre Pierre Messmer avec Jean-Marie Cavada*, citation à 3'40, Ina/ORTF, 6 mars 1974.

Personne ne sait encore où vont être installées ces diables de centrales, il n'est d'ailleurs pas question de demander leur avis aux élus locaux, et encore moins aux riverains. C'est à peine si en décembre 1974, les préfets recevront quelques documents écrits détaillant les plans du grand horloger, indiquant l'implantation des usines, à charge pour eux de transmettre ces informations aux différentes instances représentatives territoriales, telles que les conseils régionaux et généraux. Toutefois, pour que les choses soient bien claires, le ministre de l'Industrie, M. d'Ornano, avait pris soin de préciser : « Notre programme pour 1988, qui est le plus réaliste, n'est guère modifiable. Compte tenu des besoins, il faut aller vite. Mais ensuite nous tiendrons compte des suggestions intéressantes[1]. » Si la messagerie électronique avait existé à l'époque, le mail que le préfet aurait alors envoyé aurait pu ressembler à ceci :

Monsieur le directeur du conseil régional,

Vous trouverez ci-joint un dossier d'information relatif à la construction imminente d'une centrale nucléaire sur votre territoire. Merci de bien vouloir en prendre connaissance et me faire connaître par écrit, dans les plus brefs délais, vos très éventuelles suggestions. Les observations recueillies lors de cette consultation seront transmises au Ministère, qui ne manquera pas de tenir compte des avis exprimés par les élus locaux, bien que ceux-ci ne soient évidemment pas de nature à modifier sa décision.

Cordialement,

Un représentant de « l'État-qui-vous-protège »

1. Jean-Pierre Raffin, « Retour sur l'histoire du nucléaire en France », in *Reporterre*, 23 mai 2012.

Un problème surgit au détour de cette histoire : la distinction entre EDF et État De France est largement factice[1]. Il en résulte une situation de confusion générale où les deux entités se contrôlent elles-mêmes et entre elles, s'expertisent en interne, tout en présentant au public deux acteurs, alors qu'il n'y a finalement qu'un seul personnage à jouer. Ce personnage, *l'État nucléaire*, est d'une nature politique qui n'a pas été, il me semble, caractérisée avec assez de clarté. J'espère, au fil de ces pages, m'approcher sensiblement de cet être étrange, en croisant différentes approches : un regard sur sa situation *actuelle* (faillites en chaîne), une réflexion sur son horizon *théorique* (le nucléarisme est un probabilisme), une série de textes *autobiographiques* (récits radioactifs), ainsi que quelques poésies et *pensées de lutte* (soyons inconfinables).

1. Cette remarque peut s'étendre à d'autres *exploitants*, qui vivent dans une intimité politique avec la chose publique, comme Areva/Orano ou le Commissariat à l'énergie atomique (CEA).

Première partie :
FAILLITES EN CHAÎNE

Tout est sous contrôle

Chute de générateur

Le 14 avril 2016 à 13 heures, pendant une opération de maintenance, les travailleurs de la centrale nucléaire de Paluel, située sur la côte normande, sonnent l'alarme. Un incendie s'est déclaré sur la connexion électrique d'un ventilateur en zone nucléaire. Mais *tout est sous contrôle* et, conformément à la procédure, les pompiers présents sur place débranchent le ventilateur, puis tentent d'éteindre le feu à l'aide d'un extincteur. Ils n'y parviennent pas. À 13 h 15, le « plan d'urgence interne » est déclenché.

À quelques kilomètres de là, un camion de sapeurs-pompiers s'élance, avec à son bord des hommes spécialement formés à ces situations et du matériel adapté pour y faire face. *Tout est sous contrôle*. En quelques minutes, les pompiers arrivent sur place, entrent dans l'enceinte de la centrale nucléaire et s'élancent vers le bâtiment d'où provient la fumée. Hélas, le conducteur évalue mal sa vitesse, se laisse impressionner par l'urgence, pense à autre chose une fraction de seconde, croise un obstacle imprévu, qui sait ? Le camion rate son virage, bascule, puis se couche sur le flanc. Il glisse dans un fracas métallique avant de s'immobiliser. Accident de pompiers.

Il y a toujours le feu dans le bâtiment électrique du réacteur 2. Sur les six sapeurs-pompiers présents dans le camion, cinq sont blessés. L'un d'eux est évacué vers l'hôpital de Dieppe. *Tout est sous contrôle*.

Fort heureusement, si vous n'avez jamais entendu parler de cette mésaventure, c'est parce que, vers 14 heures, un second camion de pompiers est parvenu à éteindre l'incendie du ventilateur. Le plan d'urgence interne est levé à 15 h 30. EDF communique et dit, bien sûr : *tout est sous contrôle.*

Le 31 mars 2016 à 13 heures, soit deux semaines avant cet accident de pompiers, le même réacteur a été le théâtre d'un grave problème industriel. Les salariés de la centrale qui travaillaient sur le site racontent : « Nous n'avions jamais entendu ça. On a senti une forte secousse. C'était impressionnant[1]. » En effet, l'événement est sans précédent : un générateur vapeur vient de tomber de toute sa hauteur sur la dalle du réacteur. Pour saisir la nature exacte de cet accident, il faut se représenter ce qu'est un « générateur vapeur » dans une centrale nucléaire : cela ressemble à une sorte de long chauffe-eau métallique, à une grosse pile qui fait 22 mètres de haut (ou de long, du coup) et pèse 465 tonnes[2]. Sa fonction consiste à transformer la chaleur produite par la réaction nucléaire en vapeur d'eau. Car en dépit de la pseudo-magie scientifique qui entoure ces édifices après soixante-dix ans de propagande industrielle, il faut se faire à l'idée que les centrales nucléaires ne sont rien d'autre que de bonnes vieilles grosses bouilloires. C'est difficile à admettre, pourtant c'est ainsi : l'atome ne produit pas d'électricité. Le feu nucléaire se contente de chauffer de l'eau, l'eau chaude se contente de faire tourner des turbines qui produisent de l'électricité, et puis c'est tout. Fin de la prouesse

---

1. Nolwenn Weiler, « Un accident inédit révèle de graves dysfonctionnements en matière de sûreté nucléaire en France », in *Basta!*, 1er décembre 2017.

2. Vous pouvez en voir un à la page 167 de cet ouvrage (le générateur de Lemoiz).

technologique. En revanche, l'intérieur du générateur contient des matières radioactives, puisque l'eau du circuit «primaire» a été en contact avec l'uranium. Usée, la grosse pile contaminée devait être changée. Pour cela, il était prévu qu'elle soit basculée de façon progressive, selon des calculs implacables et des plans savamment élaborés, puis délicatement sortie du réacteur. Hélas, le mécanisme qui la retenait n'a pas résisté à son poids colossal et elle a basculé toute seule, de façon extrêmement brutale, emportant la poutre métallique qui était censée la retenir, sans que rien ne vienne ralentir sa chute.

Heureusement, le générateur est tombé au milieu des neuf personnes présentes sur le chantier sans toucher aucune d'entre elles. *Heureusement*, il ne s'est pas brisé et sa radioactivité interne est donc restée «confinée». *Heureusement* encore, la piscine à combustible sur laquelle il est tombé de tout son poids, dont les parois ont été endommagées par la violence du choc, était vide. *Heureusement*, ce 31 mars 2016, tout était déjà sous contrôle.

* * *

«Ce chantier a été préparé de manière très professionnelle. Toutes les préconisations des experts ont été appliquées et rien ne pouvait laisser supposer a priori ce qui s'est produit.»

Brice Farineau, directeur de Paluel

Communiqué EDF du 4 avril 2016[1]

Mais si ce générateur est tombé, c'est parce qu'il

---

1. «Paluel: Chute d'un générateur de vapeur», Sortir du nucléaire, mars-avril 2016.

devait être remplacé. S'il devait être remplacé, c'est parce qu'il était vieux et avait dépassé sa date de péremption. EDF dépense actuellement des millions d'euros pour changer ce type de pièces usées, car l'entreprise espère pouvoir prolonger la durée de vie des centrales bien au-delà des durées pour lesquelles elles ont été conçues. Cette rénovation de façade à but spéculatif porte un nom, qui évoque moins l'opération industrielle que le roman d'aventures : « Le Grand Carénage ». En réalité ce carénage consiste en une sorte de programme de rapiéçage et rafistolage, pour remplacer au mieux, au moins cher, et au plus vite, les parties des centrales les plus fragiles. Il implique un tas d'opérations difficiles à exécuter et redoutablement chères, qu'EDF ne sait pas forcément faire ou dont elle préfère laisser la responsabilité à des sous-traitants. Quand les sous-traitants ne savent pas non plus comment procéder ou n'osent pas prendre la responsabilité, ils sous-traitent à leur tour certaines parties délicates, telles que les opérations de levage. C'est ce qui s'est passé à Paluel, avec pour résultat immédiat la chute impressionnante d'un mastodonte radioactif au beau milieu du chantier. Le réacteur 2 était une « tête de série », c'est-à-dire le premier réacteur nucléaire français de 1 300 MWe à bénéficier de générateurs neufs. Quand on voit la façon dont les choses se sont déroulées, même si on n'a pas très envie d'en rire, en vérité, on peut difficilement s'empêcher de penser qu'il aurait été plus judicieux pour EDF d'appeler son roman d'aventures *Le Grand Carnage*. Certes, les équipes de la centrale ont eu de la chance – et nous avec. Mais que faire de ce monstre de métal, qui contient des centaines de kilomètres de tuyaux radioactifs, gisant là de tout son long, à cheval sur la dalle d'un réacteur et une piscine à combustible ? Il est impossible de réparer la piscine. Impossible, également, de poursuivre les opérations de maintenance prévues après le changement du générateur, qui devaient impliquer plusieurs milliers d'intervenants avec un planning infernal. Impossible, en somme, de redémarrer un réacteur dont l'arrêt coûte à l'exploitant un gentil million d'euros par jour.

Au début, l'exploitant EDF prétend pouvoir régler ce léger contretemps lui-même, mais, comme pour l'incendie du ventilateur, il n'y parvient pas. Lorsque des équipes de France 3 tentent d'interviewer le directeur de la centrale au cours d'une réunion publique, trois mois après l'accident, celui-ci prend littéralement la fuite devant les caméras. En octobre 2016, alors que plus de six mois se sont écoulés depuis le spectaculaire écrasement, l'encombrant générateur n'a pas bougé d'un centimètre. EDF se résout alors à lancer un appel d'offres aux experts mondiaux en problèmes nucléaires délicats : *confierait vieux générateur de vapeur nucléaire à mains savantes, en échange de bons soins. À venir chercher sur place.* Le concepteur du réacteur, l'américain Westinghouse, s'y colle, avec l'aide du néerlandais Mammoet. Le 25 janvier 2017, le générateur est finalement sorti du réacteur. Au total, cet aléa aura retardé le chantier de « rénovation » d'une année et coûté la modique somme d'un milliard d'euros. Heureusement, tout est sous contrôle. In extremis quand même, car deux mois plus tard, Westinghouse annonce sa faillite.

Ci-gît Westinghouse

Créé en 1886, Westinghouse est un géant électrique américain qui s'est spécialisé dans la fabrication de combustible et la construction des centrales nucléaires. Les nucléaristes français oublient souvent de préciser un détail qui a son importance : les glorieux modèles de réacteurs *made in France*, d'abord « à eau lourde » (Pile Zoé, Pile P2, Brennilis) puis « à graphite-gaz » (Chinon, Saint-Laurent-des-Eaux, Bugey), ont été définitivement abandonnés depuis cinquante ans. La France a adopté le modèle américain en 1969[1]. Pour cela, il lui a fallu signer une licence, afin d'avoir le droit de construire et d'exploiter ce modèle. La totalité des unités actuellement en service sont donc des réacteurs américains de ce type « à eau légère pressurisée ». La licence qui nous a permis de les édifier nous a été concédée par une firme qui est tout simplement le plus important constructeur de l'histoire du nucléaire : Westinghouse.

Mais même pour Westinghouse, l'âge d'or du nucléaire est passé depuis longtemps. Le 29 mars 2016, la société, devenue filiale de Toshiba, se place officiellement sous la protection du « Chapitre 11 » de la loi américaine sur les faillites – en d'autres termes, elle dépose le bilan. Avec une dette de près de 10 milliards de dollars et des pertes records sur l'exercice 2017, elle menaçait directement l'équilibre de Toshiba, qui n'a pas hésité à la sacrifier. Le rachat en cours de Westinghouse par une filiale de Brookfield Asset Management, un fonds d'investissement canadien, n'y change rien : le plus grand constructeur mondial de réacteurs nucléaires, le concepteur, le meilleur expert de l'ensemble des centrales françaises actuellement en activité, a coulé en 2016.

1. Il s'agit d'un choix politique résultant d'une guerre commerciale perdue, mais aussi d'un problème d'ordre technique : les réacteurs français étaient instables, manquaient de puissance et souffraient d'importants problèmes de corrosion. En 1969, justement, l'un de ces réacteurs graphite-gaz a connu de sérieux problèmes à Saint-Laurent-des-Eaux : 50 kg de combustible sont accidentellement entrés en fusion. Cela n'a pas suffi à convaincre les responsables de fermer la centrale graphite-gaz, qui a connu un autre accident du même genre, mais encore plus grave, en 1980.

Areva, la faillite discrète

Cela n'a pas été dit comme ça, mais Areva a fait faillite au cours de l'année 2015. Cette tragédie française a été en partie dissimulée par le pouvoir, mais c'est un fait : avec des dettes par milliards et des perspectives vertigineusement sombres sur tous les chantiers en cours, n'importe quelle autre société commerciale aurait déposé le bilan. Sauf qu'Areva n'est pas simplement une société commerciale, c'est un *fleuron français*. Elle a la chance de ne pas appartenir à un empire commercial comme Toshiba – qui rend des comptes à des actionnaires et doit protéger ses autres activités – mais très majoritairement à l'État français, qui a pris l'habitude de ne pas se sentir redevable de quoi que ce soit envers qui que ce soit sur les questions nucléaires. Le président de la République qui trônait à l'époque, François Hollande, a donc décidé sans le moindre scrupule de prélever 5 milliards d'euros d'argent public pour arranger les comptes d'Areva, tout en sachant très bien que cela n'éviterait pas le dépôt de bilan. Cela, au moins, présenterait l'avantage de le retarder, et surtout de le maquiller en d'habiles restructurations internes, faisant racheter ce qui resterait d'Areva par EDF – entreprise elle-même en situation de faillite structurelle avec plus de 35 milliards de dette et régulièrement alimentée en argent frais par ce même mécanisme royal que l'on nomme « l'argent du contribuable » ou, pour être plus précis, celui de la dette publique, qui s'en trouve augmentée d'autant. Notons que n'importe quel prédécesseur ou successeur de Hollande aurait très certainement fait exactement la même chose que lui, tant la politique du pays est d'une absolue continuité sur ces questions, et d'une générosité, d'une loyauté sans faille, envers les tenants de l'industrie nucléaire.

« Areva, la faillite d'une ambition nucléaire[1] », « Ça s'est passé en 2015 : la chute de la maison Areva[2] », « Areva. L'histoire d'une descente aux enfers[3] », « Le démantèlement d'Areva va commencer[4] » : les journaux ne s'y sont pas trompés, aussi incroyable que cela puisse paraître quand on connaît la puissance politique de l'entreprise et son histoire, Areva a bel et bien sombré. Pourtant l'épopée de son plan de sauvetage a pris le dessus dans le récit officiel, afin de préserver le mythe d'une industrie nucléaire française sinon florissante, du moins capable de faire face aux coups durs. Officiellement, Areva n'est pas morte. Dans une opération de simulacre, elle a été scindée en différentes entités, devenant Areva NP, puis New NP d'un côté, et Areva NewCo, de l'autre. La première a ensuite été transformée en filiale d'EDF, avant d'inaugurer sa toute nouvelle identité : Framatome, tandis que l'autre se métamorphosait en Orano. Fin du tour de passe-passe.

Il se trouve par ailleurs que Framatome, également appelée la Franco-Américaine de Constructions atomiques, est justement cette entreprise crée le 1er décembre 1958, aux côtés de Westinghouse, pour exploiter la licence américaine des réacteurs à eau pressurisée avec le succès que l'on sait. Framatome est donc littéralement l'*Areva d'autrefois.* Pour incarner l'avenir du nucléaire français, les brillants communicants de l'atome n'ont donc rien trouvé de mieux qu'un nom qui appartient, dans l'esprit de tous et pour toujours, au passé.

Le 23 janvier 2018, Areva, partiellement réincarnée, se présente au public sous la forme de son nouvel avatar : *Orano*. Censé évoquer l'Uranium en référence à la planète Uranus, la métaphore n'est

1. *Le Monde*, 5 juin 2015.
2. *Les Échos*, 30 décembre 2015.
3. *Ouest France*, 22 février 2016.
4. *Libération*, 15 juin 2016.

guère prometteuse. Uranus est en effet le nom romain du terrible dieu grec Ouranos, celui même qui a engendré les Hécatonchires, géants aux cent bras, ainsi que les Cyclopes et les Titans. Au moins, Areva est consciente qu'elle va nous laisser avec une importante descendance de monstres ! Mais on peut aussi craindre qu'il arrive à ce fantôme d'Areva quelques petites misères. Rappelons tout de même que dans le récit mythologique auquel les stratèges de communication ont choisi de se référer, Ouranos va se faire castrer par son fils Cronos, dieu du temps et de la destinée, à l'aide d'une faucille. Voilà pour les perspectives d'avenir.

* * *

Tout va bien

poème pour voix synthétique

Tout va bien, ne vous inquiétez pas
Tout va bien : EDF est là.
Ne posez pas de questions, on s'occupe de vous
Ne posez pas de questions, payez, c'est tout.

Friteuse, raclette, multicuiseur
Grille-pain, tablette, clim, blender
Chauffe-eau, smartphone, hotte, serveur
Frigo, lave-linge, cafetière, mixeur
Vous êtes connectés, nous vous connectons,
Vous nous aimez et nous vous aimons.
Bientôt vos voitures nucléaires
Fileront sur les routes à la vitesse de l'éclair !

Tout va bien, ne vous inquiétez pas
Tout va bien : EDF est là.
Ne posez pas de questions, on s'occupe de vous
Ne posez pas de questions, payez, c'est tout.

Nos installations semblables à des chapelles
Irriguent vos vies d'une lueur sans pareil,
Nos lignes électriques puissantes et majestueuses
Emplissent vos sillons d'énergie voluptueuse.
Nous vous devons bien plus que la lumière :
75 milliards d'euros, selon les experts.
Pourtant, vous êtes 1 million chaque année
À quitter l'entreprise préférée des Français !

Tout va bien. Ne vous inquiétez pas
Tout va bien. EDF est là.
Vous vous êtes connectés, nous vous connectons,
Vous nous aimez et nous vous aimons.

Nous savons que le nucléaire
Est dangereux, absurde et cher,
Nous le savons, mais ne le disons pas
Comprenez-nous : on ne sait faire que ça.
Heureusement, vous êtes là,
Enfants rêveurs, pleins d'imagination,
Heureusement, vous faites confiance à l'État,
Vous avez raison.

Tout va bien. Ne vous inquiétez pas.
Tout va bien. EDF est là.
Ne posez pas de questions, signez, c'est tout,
Nous sommes l'État, et l'État c'est vous !

Achetez nos fromages

Quand on discute de production électrique avec des personnes qui vivent en France et bénéficient de «l'information» dispensée par l'industrie nucléaire sur tous ses canaux médiatiques, deux arguments reviennent systématiquement, même dans des bouches qu'on n'aurait pas spontanément soupçonnées de sympathie envers l'État atomique: «La "sortie du nucléaire", c'est bien joli, mais maintenant l'Allemagne est obligée de nous acheter de l'électricité nucléaire en hiver!» Lorsque la conversation se poursuit au-delà de cette assertion hasardeuse, la phrase suivante a des chances de ressembler à ceci: «Et puis si c'est pour remplacer les centrales nucléaires propres par des centrales à charbon polluantes, comme le fait l'Allemagne, alors là, non merci!»

Ces deux arguments, la dépendance énergétique rêvée de l'Allemagne vis-à-vis de la France et la substitution allemande du charbon au nucléaire, sont très largement faux et ont été patiemment inscrits dans les esprits français par la méthode répétitive, pour faire payer sans doute à notre grande voisine sa scandaleuse décision industrielle de «sortir du nucléaire». Elle avait déjà fait ce choix politique une première fois en 2000, avant de le remettre en question, puis de le réaffirmer depuis 2011 avec une échéance très rapide de sortie complète en une décennie. Pendant ce temps, la France envisage tout juste de réduire la part du nucléaire de 75 à 50 % dans son mix électrique d'ici 2025, ou 2035, en annonçant ouvertement qu'elle n'a pas la moindre intention d'essayer de réussir à respecter ses propres objectifs[1]. Un peu partout, EDF achète des terrains dans les campagnes nucléaires, sans dire ce qu'elle a l'intention d'en faire. Elle rêve d'un nouveau plan Messmer, d'une génération entière d'EPR, bref, elle s'y perd. Non, l'Allemagne n'a pas opté pour le charbon suite à l'abandon du nucléaire. Et non, elle n'est pas sous perfusion du réseau électrique français. Pendant que l'ex-Areva et la future ex-EDF absorbent des milliards d'argent public en dissimulant l'ampleur de leurs défaillances, parfois de leurs falsifications, l'Allemagne investit massivement dans les énergies dites «renouvelables», se positionnant en tête dans la course de la mondialisation heureuse des nouveaux songes de *l'industrialisme vert*. Elle le fait en utilisant énormément de charbon, c'est un fait déjà ancien, sur lequel l'abandon du nucléaire n'a eu qu'un impact faible et limité dans le temps (2011-2013). Les luttes pour l'abandon du charbon se multiplient, avec une capacité d'organisation qui bénéficie des luttes antinucléaires menées depuis les années 1970.

Ironie de l'histoire, l'Allemagne est en passe de devenir du même coup leader européen sur le marché du démantèlement nucléaire. C'était pourtant un secteur dans lequel la France avait une chance raisonnable de se refaire, étant donné l'ampleur considérable des chantiers qu'elle va devoir mener pour mettre à l'arrêt ses propres installations. Dans ce contexte, on comprend que les industriels français

1. Hulot: «Beaucoup savaient que cet objectif sur le nucléaire n'était pas atteignable», BFM TV, 8 novembre 2017.

puissent ressentir une forme d'amertume et que celle-ci prenne la forme d'un certain nombre de *contes de fées énergétiques*, où l'Allemagne tient le rôle de la sorcière.

En réalité, la France est, comme la plupart des pays, successivement exportatrice et importatrice au fil de l'année, selon les aléas de sa production, de sa consommation et des prix du marché. Lorsqu'elle produit beaucoup ou que les prix de vente sont intéressants, elle exporte. Quand sa production est insuffisante ou que les prix d'achat sont bas, elle importe. Grâce à ses grosses capacités nucléaires elle a structurellement tendance à exporter et donc à tirer un bénéfice commercial de sa vente d'énergie électrique vers d'autres pays européens. Il suffit alors à quelques experts subventionnés de pointer leur nez vers ce flux et de dire : « Ah voilà, regardez comme l'Allemagne a besoin de nous ! » Ils oublient de dire qu'en hiver, du fait de sa funeste passion pour le chauffage inefficace, la France se trouve en position de réelle dépendance vis-à-vis des pays voisins, y compris de l'Allemagne. Tout cela n'empêche pas les adeptes du nucléaire de se contorsionner sur les plateaux télé, allant jusqu'à laisser entendre que la France achèterait l'électricité allemande par pure bonté, afin d'éponger le surplus désordonné de ces nouvelles productions que l'on dit renouvelables – les infâmes énergies *intermittentes*. L'argument est tout de même faible car si on considère le nombre d'arrêts des installations, le nucléaire est lui-même structurellement, et à une échelle massive, de plus en plus *clignotant*. Pendant qu'on nous explique que tout va bien, autour de nous, le vent se lève.

Certains voisins de la France sont mécontents. Ils vivent dans le souffle nucléaire de l'Hexagone et s'impatientent de voir ronfler les vieilles centrales hors d'usage à leur porte. Cela n'est pas nouveau mais les protestations sont de plus en plus claires. De nombreux Allemands exigent depuis longtemps la fermeture de Fessenheim, la plus ancienne centrale nucléaire française en activité, qui est de surcroît construite à 1,5 kilomètre de la frontière, sur une faille sismique et, pour que tout soit parfait, en contrebas d'un canal. En 2016, le porte-parole de la ministre de l'Environnement Barbara Hendricks (SPD) a fait savoir publiquement que l'Allemagne demandait la fermeture rapide de Fessenheim : « Pour nous il est très clair que Fessenheim est très vieille, trop vieille pour être encore en activité. La ministre demande qu'elle soit fermée le plus vite possible[1]. » De son côté, le Luxembourg s'interroge publiquement : le grand-duché ne va-t-il pas être rayé de la carte lors d'un prochain aléa de Cattenom ? Il propose son aide financière pour une cure de désintoxication — défiscalisée, sans doute. Cette approche diplomatique assez frontale se déploie en divers épisodes et depuis plusieurs années, car la centrale de Cattenom connaît de multiples et sérieux dysfonctionnements. Les autorités du Luxembourg se sont plusieurs fois montrées fort mécontentes d'être informées tardivement, ou pas du tout, d'une situation qui les concerne pourtant directement.

La France aura donc du mal à convaincre ses voisins immédiats que le nucléaire est une énergie d'avenir et qu'il faut la soutenir dans son grand plan de relance. D'autant qu'avec les faillites d'Areva-Westinghouse et le retrait des principaux investisseurs allemands ou japonais, l'industrie nucléaire, qui ne trouve déjà plus assez d'argent pour s'entretenir, serait bien en peine d'organiser une quelconque reconstruction[2].

---

1. BFM TV/AFP, « Le ministère de l'Environnement allemand veut que Fessenheim ferme "le plus vite possible" », 4 mars 2016.

2. « Nous allons avoir du retard à cause de la reprise de ces soudures », a confirmé le patron d'EDF lors d'une conférence. « On est clairement

Les seuls financements actuellement capables de supporter la charge financière et l'incertitude de longs chantiers nucléaires sont principalement russes ou chinois et portent pour l'instant assez peu de projets en Europe. EDF essaie autant que possible de s'associer à China General Nuclear (CGN), en particulier pour ses projets au Royaume-Uni (Hinkley Point C, Sizewall, Bradwell), mais le rapport de force n'est pas en sa faveur. Toutefois, dans la mesure où les évolutions politiques à venir sont imprévisibles et où des enjeux militaires pèsent également sur d'éventuelles décisions d'alliance industrielle, les financements finiront peut-être par arriver, à un moment ou à un autre. Pour le savoir, encore faut-il réussir à *durer* : c'est, depuis plusieurs années, l'essentiel des préoccupations d'EDF et des entreprises du secteur. Mais pour l'instant, l'argent est rare et l'industrie nucléaire européenne fête moins souvent des actes que des protocoles ou des promesses. En attendant les budgets d'un hypothétique « retour du nucléaire » européen, et malgré une faiblesse financière structurelle inquiétante, l'industrie nucléaire française se trouve en position d'isolement. Elle a donc pensé qu'il serait judicieux, pour tenter d'assurer sa survie dans l'intérim, de miser sur l'international.

* * *

Dans un entretien à *Ouest France*, le 15 décembre 2017, le PDG d'EDF a déclaré, à propos de l'EPR français : « Flamanville 3 sera une vitrine[1] ». Une drôle

dans la phase de réapprentissage mais il ne faut pas non plus noircir le tableau ». AFP, « Le démarrage de l'EPR de Flamanville de nouveau retardé mais "il ne faut pas non plus noircir le tableau" selon EDF », 19 juin 2019.

1. Patrice MOYON, « Jean-Bernard Lévy, PDG d'EDF : "Flamanville 3 sera une vitrine" », *Ouest France*, 15 décembre 2017.

de vitrine, puisque le chantier a pris des années de retard et que le budget n'a pas du tout été respecté, passant de 3 à 11 milliards d'euros (et ce n'est pas terminé). Deux ouvriers sont morts lors d'accidents professionnels, les constructeurs ont été condamnés pour de graves entorses au droit du travail, la cuve présente des défauts de fabrication qui la rendent particulièrement fragile et éphémère, et les problèmes de soudure s'accumulent. Effectivement, Flamanville 3 est « une vitrine », qui témoigne avec une honnêteté rare de l'état du savoir-faire français en la matière, mais qui ne constitue pas, il faut bien l'admettre, un argument commercial convaincant. Peut-être aussi les industriels français ne sont-ils tout simplement plus en mesure de construire des centrales électro-nucléaires qui fonctionnent ? Ce serait — dans une certaine mesure seulement — une bonne nouvelle.

Il faut rappeler qu'avant de s'aventurer dans l'enfer de l'EPR, la toute dernière fois que la France a lancé un chantier de centrale nucléaire sur son territoire, c'était en 1991, avec la deuxième tranche de Civaux. La belle époque des bâtisseurs remonte donc à plus de vingt ans, davantage même, puisque la plupart des réacteurs actuels datent des années 1970 et 1980. Certaines pièces qui nécessitent réparations ou remplacement ne sont parfois plus fabriquées, les capacités métallurgiques actuelles du pays n'ayant plus rien à voir avec celles dont il était encore doté dans les années 1970. Par ailleurs, les équipes qui ont participé à l'édification des réacteurs il y a cinquante ans ne sont, souvent, plus en activité : des travailleurs ayant une connaissance concrète de la *chose nucléaire* sous son aspect industriel, acquise sur le terrain au fil des chantiers et des maintenances, sont partis à la retraite ou sont décédés, parfois prématurément. D'autres ont été licenciés, constructeurs et exploitants préférant avoir recours à une main-d'œuvre sous-traitée moins coûteuse et moins susceptible d'engager des poursuites judiciaires en cas d'accident du travail ou de maladie professionnelle. Tous ces éléments rendent la situation réellement critique, au point que des techniciens sonnent l'alarme[1]. On comprend mieux, aussi, les immenses difficultés rencontrées sur les chantiers d'Olkiluoto en Finlande, de Flamanville 3 dans le Cotentin, ou les prix astronomiques demandés pour réaliser Hinkley Point C en Angleterre. Ainsi, quand *Ouest France* demande au directeur d'EDF s'il pense que d'autres réacteurs vont voir le jour sur le territoire, la réponse de l'électricien, toute en cryptage technocratique, est la suivante : « Désormais, nous ne pourrons construire de nouveaux réacteurs sans une régulation adaptée avec une garantie de recettes. » Finie, la légende commerciale de l'énergie abondante et bon marché. Le nucléaire est cher, très cher. Et si vous en voulez encore, il va falloir raquer, semble dire en substance et poliment le cadre supérieur de l'État profond aux cadres supérieurs de l'État de surface.

Les responsables de l'industrie nucléaire sont toutefois loin d'avoir perdu espoir. Certes, le marché intérieur est saturé, avec un quadrillage record du territoire ; bien sûr, le nucléaire rencontre des difficultés de financement avec des dettes abyssales et un actionnaire principal affaibli par quarante ans de néolibéralisme ; le contexte politique général en Europe n'est pas favorable à l'énergie nucléaire, les accidents majeurs de Tchernobyl et Fukushima ayant fortement joué en défaveur des promoteurs de l'atome. Mais si quelques-uns des prototypes

1. Nolwenn Weiler, « "C'est incroyable qu'on n'ait pas encore fondu un cœur de réacteur" : des techniciens EDF s'inquiètent », *Bastamag*, 23 janvier 2018.

français pouvaient avoir la judicieuse idée de fonctionner un jour, même brièvement, il resterait un espoir d'échapper à la liquidation promise et, qui sait, peut-être même de faire de menus profits ? Cette solution, cette lueur à l'horizon, qui fait que le mort-vivant du nucléaire français continue à se promener hors de son cercueil les nuits de pleine lune, c'est l'exportation. Outre nos fromages, nos Rafale, nos vins rouges, nos systèmes de surveillance, nos satellites, et nos luxueux sacs à main — songe EDF en toute cohérence avec la tradition de l'État français — nous pourrions vendre à des pays amis quelques EPR très puissants. Ou même de tout petits EPR, très mignons, que nous appellerons « Small Modular Reactor » (SMR). Ou encore Atmea, oui, Atmea, pourquoi pas ? Définissons ensemble vos besoins, nous avons forcément le modèle qui vous convient !

Vendre des réacteurs pourrait éventuellement éviter la faillite d'EDF, mais à quel client, telle est la question. Quels sont les États réellement capables de se lancer dans des projets impliquant des investissements de plusieurs milliards d'euros, d'assumer dix ans de chantier avant l'arrivée du premier mégawatt, tout en garantissant des « recettes » conséquentes à très long terme, alors que le marchand français est dans un état financier inquiétant, que la stabilité garantie des prix de longues périodes n'est pas très à la mode, et que les coûts de l'éolien ou du photovoltaïque baissent à chaque instant ? Le vendeur trouvera peut-être, ici ou là, comme par le passé, quelques conjonctures favorables : tel pays souhaitera se doter de la bombe sans le dire et commandera un réacteur expérimental chargé de dessaler la mer ou de changer les couleurs de l'arc-en-ciel ; tel autre, concurrent désireux de nouer une alliance commerciale pour ouvrir un marché, acceptera de signer un protocole ou, *a minima*, de faire quelques politesses publiques. C'est ainsi que l'industrie nucléaire entretient auprès d'elle-même et, croit-elle, de ses innombrables prospects, l'illusion d'être toujours en vie. Pendant ce temps, d'autres clients d'EDF, bien réels ceux-là puisqu'ils achetaient son électricité, changent de boutique : depuis 2017, pendant que le fournisseur historique s'affaire à vendre ses petites merveilles atomiques, plus d'un million de clients par an se font officiellement capter par la concurrence. Il est fort possible que le rythme de cette désertion, bientôt, s'accélère[1].

Il faut noter, enfin, que pour mener une stratégie de conquête à l'export, les VRP de l'atome bleu-blanc-rouge se sont largement appuyés sur l'argent public, afin de garantir leurs précieux acheteurs de fromage contre les aléas financiers liés aux constructions hasardeuses qu'ils entreprenaient. Ce faisant, ils ont transformé le pays en une sorte d'*assurance tout risque du BTP de l'atome*. Mais une telle politique implique, pour chaque chantier, que l'État nucléaire engage d'immenses capacités d'investissement, comme elle a finalement accepté de le faire à Hinkley Point, malgré les avertissements répétés de son directeur financier, qui a fini par claquer la porte. Ce que pourrait produire une crise financière arrivant sur ces entrefaites est inimaginable. Et pendant qu'EDF fait tout ce qui est en son pouvoir pour rester synonyme de nucléaire, les autres entreprises du secteur se gardent bien d'aller à la concurrence : la prospection nucléaire est désormais, et restera, *un marché de niche*. Nonobstant cette évidence, l'électricien français semble avoir décidé de sombrer avec ses châteaux de sable et son trésor de matières radioactives.

1. Les hausses du « tarif bleu », organisées pour tenter de remplir le tonneau des Danaïdes nucléaires, ont peu de chances d'inverser la tendance.

Dans ces conditions, le moins que l'on puisse dire, c'est qu'il serait déraisonnable de compter sur le miracle d'une transition énergétique heureuse.

La transition n'aura pas lieu

Depuis que la «prise de conscience des enjeux climatiques» est devenue un phénomène mondial, le thème de la «transition énergétique» a été largement instrumentalisé par divers acteurs industriels du secteur de l'énergie, y compris les partisans de l'atome. Selon eux, le nucléaire aurait tous les atouts nécessaires pour constituer une idéale *énergie de transition*, puisque les unités de production sont déjà là et, pour la plupart, amorties. Il suffirait donc de faire tourner le plus longtemps possible celles qui existent, tout en ayant bien sûr l'opportunité d'en construire de nouvelles, ici ou là. Ce faisant, les nucléaristes s'appuient sur un syllogisme approximatif. Prémisse majeure: «Le carbone, c'est mauvais». Prémisse mineure: «Le nucléaire est bas-carbone». Conclusion: «Le nucléaire, c'est bon». Derrière cette apparente logique, l'objectif de l'industrie nucléaire est de s'inscrire dans le paysage de la transition énergétique comme «acteur majeur» afin de capter les budgets disponibles et, ce faisant, tenter d'échapper à la liquidation. L'industrie est en effet particulièrement bien placée pour savoir que, si la France persiste dans la voie nucléaire en prolongeant la durée de vie des réacteurs et en conduisant des chantiers hasardeux, des investissements colossaux vont s'avérer nécessaires, ainsi que de grands travaux dangereux. Dans ces conditions, l'hypothèse d'une pseudo-cohabitation avec une production renouvelable sous-financée garantit au secteur nucléaire une enveloppe conséquente et, sauf accident, quelques années de trésorerie. On comprend volontiers que les exploitants soient partisans de ce type de *transition nucléaire*.

Face à une telle situation, qui tend structurellement à empêcher le développement des sources d'énergie non nucléaires en France, un certain nombre d'ingénieurs ont entrepris de se regrouper pour produire des études alternatives de référence. Le « scénario négaWatt », publié et régulièrement actualisé depuis 2001, entend ainsi démontrer qu'une transition vers un mix énergétique *sans nucléaire ni fossile* est possible en France et qu'elle est réalisable en quelques décennies. Voyons comment ils comptent s'y prendre.

***

« Sobriété, efficacité, renouvelables » est le triptyque fondamental de la proposition. Il faut arrêter de consommer inutilement de l'énergie, développer des équipements plus performants dans leur rendement, investir massivement dans la recherche et le développement des énergies renouvelables. La question de la production d'électricité, explique négaWatt, n'est d'ailleurs qu'une petite partie du problème, puisque l'électricité représente à peine un quart de l'énergie totale consommée. Sachant cela, fermer les centrales nucléaires n'a en réalité rien d'insurmontable. En revanche, préviennent les ingénieurs, imaginer un mode de vie sans pétrole, en garantissant la mobilité, n'a rien d'évident. Autrement dit, on se passera plus facilement du nucléaire pour nos ampoules électriques que de l'essence pour nos voitures individuelles. La dépendance au nucléaire est à envisager dans un système de dépendances multiples. Dans la vidéo de présentation[1] du scénario publié en 2017, l'association part d'un certain nombre de données qui imposent, selon elle, de changer le système énergétique français et donc de procéder à une « transition ». Il s'agit du *dérèglement climatique, de l'épuisement des ressources,* ainsi que du *risque d'accident nucléaire*. Face à cette situation, les experts proposent que l'effort collectif porte sur le fait de générer des *négawatts*, c'est-à-dire des watts non consommés, grâce à des évolutions de bon sens, comme l'isolation thermique des bâtiments destinée à réduire drastiquement la facture de chauffage, le fait de ne pas laisser allumés les appareils électriques inutilisés, d'aménager les espaces urbains pour que la marche et les transports en commun y occupent plus de place, ou de fabriquer des objets durables, réparables, recyclables, afin de lutter contre l'obsolescence programmée. Tout cela semble tellement évident qu'on se dit que si la solution était là, elle aurait déjà été mise en œuvre depuis longtemps. Mais à la réflexion, cela n'est pas si sûr : souvenons-nous par exemple que les contre-projets de réaménagement de Nantes-Atlantique n'ont jamais été considérés comme des solutions expertes sérieuses tant que les élus et Vinci étaient tous d'accord entre eux pour bétonner le bocage de Notre-Dame-des-Landes et ses zadistes. Lorsque la décision politique a finalement pesé en défaveur d'un nouvel aéroport, le réaménagement de Nantes-Atlantique est officiellement devenu une solution techniquement, scientifiquement, administrativement, politiquement, bref, officiellement *crédible*. On peut penser qu'il en sera de même avec la

1. « Réussir la transition énergétique en France avec le scénario négaWatt », Association négaWatt, 26 janvier 2017.

baisse de la consommation d'énergie et le recours à des sources diversement « renouvelables ».

Si l'on regarde ce que dit le manifeste négaWatt sur le plan de l'organisation territoriale, un chapitre consacré à la nécessité de « rompre avec le centralisme énergétique » explique notamment ceci : « La transition énergétique négaWatt ne se décrétera ni depuis quelque bureau haussmannien ou la Grande Arche de la Défense, ni par des décisions hiérarchiques du haut vers le bas et de Paris vers les régions. » Les communes et les intercommunalités sont, pour négaWatt, les mieux placées pour orienter l'urbanisme vers la basse consommation, identifier les possibles « gisements de sobriété », assurer la « gestion coordonnée des différents réseaux publics de distribution d'énergie ». Le problème serait alors que les communes n'ont à l'heure actuelle pas le pouvoir dans ces domaines. Comment faire pour qu'elles l'aient ? Le service public de l'énergie doit « être remis entre les mains des collectivités territoriales », se contente de résumer négaWatt. Concernant le « mix énergétique », c'est-à-dire la part relative des différentes sources d'énergie dans la production totale, le scénario négaWatt propose une montée en puissance transitoire du gaz, d'abord fossile pendant l'amorce de la transition, puis de biogaz, qui appartient à la catégorie des « renouvelables », lorsque la technologie sera mieux maîtrisée. Comment ça, du gaz ?! Après le retour à la bougie, faudrait-il donc que nous subissions un *retour au gaz* ? Les partisans de l'atome s'étranglent et ils ne sont pas les seuls. Pourtant, sommés d'apporter leur contribution à la crise climatique mondiale, les gouvernements successifs ont eu tôt fait de récupérer en partie les estimations et projections de négaWatt pour élaborer des lois « de transition énergétique pour la croissance verte ». Ils ont pris soin, comme on le voit, d'y adjoindre cet absurde concept de « croissance verte » qui ne figure pas dans le travail de contre-expertise. Et, fâcheusement, ils ont aussi omis de reprendre à leur compte l'objectif affiché de « sortie du nucléaire », qui faisait explicitement partie des fondements structurels du scénario.

Cela fait donc plus de quinze ans que différentes projections d'avenir sont sur la table, démontrant à grand renfort de graphiques et de données accessibles à tous qu'EDF et l'État mentent quand ils affirment qu'on ne peut pas se passer du nucléaire en France. La proposition a beau exposer clairement la nécessité de s'en remettre aux collectivités territoriales pour la gestion de l'énergie, elle ne va pas plus loin et ne dit pas comment il faudrait procéder pour que l'État renonce à ses prérogatives en matière de politique énergétique. Et même en supposant que le « transfert de compétence » ait lieu, qui nous dit qu'un élu, ayant accepté hier sacs d'or et piscine olympique en échange d'une coopération bienveillante avec un exploitant nucléaire, ne fera pas la même chose pour un méga-projet de biogaz ou un parc géant d'éoliennes ? Si pour une raison ou une autre ces projets de l'industrie verte se révèlent à leur tour nocifs pour les habitants[1], s'il faut pouvoir peser sur le lieu de leur implantation, sur leur échelle, sur leur financement, sur leur raison d'être, comment empêcher que ce même maire, ou son successeur, ne se fasse une nouvelle fois le relais d'intérêts financiers contraires aux intérêts des populations ? L'administration territoriale telle qu'elle se structure actuellement n'a-t-elle pas

1. « Les discours louant les énergies renouvelables, qu'il s'agisse de cogénération ou de méthanisation, servent d'abord à cautionner et sauvegarder un modèle de production alimentaire de masse », in *CQFD* n°168, « Méthanisation et cogénération, de faux amis », septembre 2018.

largement démontré sa gourmandise pour les méga-projets et leurs méga-budgets ?

* * *

La transition énergétique n'aura pas lieu. La fermeture progressive et raisonnée des centrales, la substitution ingénieuse de nouvelles sources d'énergies inoffensives aux dangereux minerais d'uranium et de carbone, ce doux spectacle d'un monde promis qui flotte dans l'air du temps, des lois, des discours et débats télé comme un mirage multicolore au-dessus d'un avenir radioactif gravé dans du béton gris, cet arc-en-ciel fleuri d'innovations harmonieuses et libératrices ne nous sera pas donné à contempler. Au contraire, nous assisterons aux tentatives chaotiques et désespérées de l'État nucléaire pour faire tourner ses vieux moteurs de guerre le plus longtemps possible. Nous le verrons acheter des terres aux alentours des centrales existantes, dans l'espoir d'annoncer de nouveaux chantiers, comme à la belle époque. Nous le verrons réprimer, blesser ses opposants politiques, procéder à des surveillances oppressantes, pour défendre son droit à affréter des trains absurdes, creuser des piscines ineptes et des galeries criminelles. Les centrales arrêtées resteront là. On les dira « en cours de démantèlement ». Dans le même temps, apparaîtront des méga-champs d'éoliennes implacables, construites en dépit du bon sens ; il faudra se battre contre des transformateurs infernaux, à l'échelle des besoins surdimensionnés de nos vies sous haute tension, toujours avec la même logique, toujours dans la même folie de l'immense, de l'imposé, du ravageur. Nos amis les plus fortunés rouleront en voiture nucléaire pour sauver la planète, et ils n'aimeront pas qu'on les critique. L'État ne renoncera pas de lui-même à son pouvoir d'exécuter ; les entités privées privilégiées qui ont pignon sur l'Élysée ne développeront pas leurs offres pour répondre à nos besoins, mais bien pour satisfaire les leurs, comme elles l'ont toujours fait. N'y aurait-il donc aucune perspective d'avenir en dehors du *monde policé* de l'atome ? À défaut de transition heureuse, quelle bonne nouvelle pourrions-nous mettre au crédit collectif du temps qui passe ? En voilà une, qui devrait réchauffer nos cœurs et rapprocher les clans : le climat est antinucléaire et sa lutte promet d'être sans merci. Il est extrêmement puissant, lourdement armé, redoutablement brutal, et lui non plus ne négocie rien avec ses adversaires, se contentant d'imposer sa volonté par la force pure. Le vieux monde n'a aucune chance.

Le climat est antinucléaire

Depuis que la notion de dérèglement climatique a émergé, l'industrie nucléaire s'en est largement emparée pour expliquer publiquement que l'énergie atomique, propre, ou, selon une terminologie plus récente, décarbonée, serait un marché d'avenir voguant vers son renouveau. Cet axe de communication est particulièrement fantaisiste, en raison de la nature même des phénomènes engendrés par ce dérèglement climatique : ouragans, typhons, cyclones se multiplient, gagnent en intensité, occasionnant des destructions massives et des inondations inédites ; les épisodes de canicule et de sécheresse, eux aussi, deviennent plus fréquents et durent plus longtemps ; la montée du niveau de la mer s'accélère avec la fonte des glaces et peut connaître des variations brutales, sans qu'on sache exactement ni quand, ni comment. Plus globalement, on assiste à l'émergence d'une *imprévisibilité climatique croissante,* qui menace directement toutes les industries susceptibles d'engendrer des désastres environnementaux, telles que les usines chimiques ou agroalimentaires, par exemple. Les installations nucléaires n'échappent évidemment pas à cette nouvelle vulnérabilité[1]. Gargantuesques consommatrices

1. Nous utilisons le mot à dessein, mais, bien sûr, c'est nous qui sommes *vulnérables* face à ces grandes usines d'armement, et non l'inverse. Si vraiment il faut accepter de personnifier les centrales nucléaires, on devrait plutôt dire qu'elles sont exigeantes et dépendantes : il leur faut en

d'eau, elles ont toutes été positionnées en bord de mer et/ou à proximité immédiate d'une importante rivière. Les inondations représentent une menace structurelle pour leur alimentation électrique, indispensable au refroidissement des réacteurs et des piscines. Les épisodes météorologiques violents qui caractérisent ces nouvelles conditions climatiques n'ont pas été anticipés lors de la construction des réacteurs dans les années 1970, pas plus que dans celle des EPR dont la conception remonte au début des années 1990. Pour édifier ses grands ouvrages, l'industrie a certes prévu quelques « marges » en se référant à des événements historiques supposés extrêmes, mais elle n'avait pas envisagé que les anciennes « tempêtes du siècle » risquaient par exemple de se transformer en monstres cataclysmiques et toujours plus réguliers. Elle, qui se vante de pouvoir prédire l'avenir des couches d'argile pour des millions d'années lorsqu'il s'agit de faire oublier les matières militaires qu'elle cherche à y enfouir, n'a tout simplement pas anticipé les phénomènes globaux majeurs qui se sont développés en quelques dizaines d'années à peine. Quand elle affirme que le nucléaire est une bonne énergie de transition, qu'elle sauvera le climat, elle tente surtout de faire abstraction du fait que *le climat menace désormais très directement sa propre activité*. En effet, l'existence même de ce contexte climatique devrait, avant toute autre discussion, impliquer la fermeture immédiate et définitive d'un très grand nombre d'installations.

La situation est particulièrement préoccupante sur la côte est des États-Unis. Fortement nucléarisée, très peuplée, elle est régulièrement exposée à d'intenses tempêtes. Des ouragans se forment en

permanence de l'eau, des aliments électriques, des travailleurs aux petits soins, des financements par millions. Sinon…

effet à l'ouest de l'Afrique, se chargent d'eau et de force lors de leur traversée océanique, puis frappent les Caraïbes, avant de s'engouffrer dans le golfe du Mexique ou de remonter le long de la côte est-américaine. La thématique de « l'ouragan nucléaire » est d'ailleurs active depuis longtemps dans la culture américaine en tant que scénario de *thriller*. Mais au fur et à mesure que les perturbations deviennent plus fréquentes, plus gigantesques, le risque d'une *tempête nucléaire* devient aussi une préoccupation pour les populations concernées localement – et une menace tout à fait réelle pour l'ensemble des habitants qui auraient à subir des retombées radioactives largement dispersées si un accident nucléaire de ce type se produisait. En 1992, l'ouragan Andrew a déjà touché la centrale de Turkey Point, située à l'extrémité sud de la Floride. Comme le rappelle *Ouest France* : « Si aucun accident n'avait été à déplorer, les dégâts avaient été importants. Une route d'accès avait été bloquée par les débris et certaines installations n'avaient pas tenu face à la puissance des vents. Une cheminée de 120 mètres s'était fendue en deux, la centrale avait dû utiliser des générateurs de secours pour refroidir les réacteurs et éviter l'accident nucléaire. Les travaux pour la remettre en état avaient duré six mois[1] ». Plus récemment, l'exemple de la tempête Florence qui a frappé la centrale de Brunswick illustre la précarité des installations face à des conditions climatiques extrêmes.

* * *

1. Marie Merdrignac, « Irma file droit sur deux centrales nucléaires », *Ouest France*, 8 septembre 2017.

Le 12 septembre 2018, *The Guardian* publie un article expliquant qu'un ouragan violent se dirige vers la côte est des États-Unis et s'apprête à atteindre dans les prochains jours la Caroline du Nord[1]. Les régions potentiellement touchées comptent au total seize réacteurs nucléaires. Deux d'entre eux semblent particulièrement menacés. Il s'agit des deux unités de la centrale nucléaire de Brunswick, située près de Wilmington, dans l'embouchure de la bien nommée *Cape Fear River*, à quelques kilomètres de *Boiling Spring Lakes*[2]. Construits dans les années 1970, les deux réacteurs de Brunswick sont les mêmes que ceux de Fukushima, tant par leur conception technique que par leur design extérieur. Le même bleu ciel. Mais la centrale n'est pas située immédiatement au bord de la mer, dont elle est séparée par un grand bras fluvial, et elle est aussi installée un peu en hauteur : l'éventualité d'une submersion par une vague océanique, comme cela a été le cas au Japon, n'est, semble-t-il, pas trop à craindre. En revanche, la possibilité d'une perte d'alimentation résultant des crues des eaux débordantes du fleuve Cape Fear voisin est tout à fait réelle.

Selon les prévisions météo, l'ouragan qui s'approche de Brunswick doit toucher terre à quelques kilomètres de la centrale, occasionnant localement des précipitations d'une extrême violence. Suite à l'accident de Fukushima, Brunswick s'est vu prescrire un certain nombre de travaux de sûreté par la Commission de régulation nucléaire (NRC[3]). L'exploitant Duke Energy a-t-il procédé à ces mises

---

1. Erin Durkin et agences, « Hurricane Florence : North Carolina fears possible environmental disaster », in *The Guardian*, 12 septembre 2018.

2. « Rivière du cap de la peur » et « Lacs de la source bouillonnante ».

3. La NRC est l'équivalent américain de notre Autorité de sûreté nucléaire (ASN).

Centrale nucléaire de Brunswick, Caroline du Nord – Source : Duke Energy.

aux normes ? Rien n'est moins sûr, mais la porte-parole Kathryn Green l'affirme : « Les réacteurs étaient déjà sûrs à l'époque, ils le sont encore davantage maintenant. » Avant d'ajouter fièrement : « Nous avons des backups de backups de backups. » Le mot *backup* n'est pas ici à entendre au sens de « sauvegarde informatique » mais comme « système de redondance », autrement dit, un circuit de secours. Toute la logique de la prétendue *sûreté nucléaire* tient dans cette phrase : l'activité de départ est si dangereuse qu'on a dépensé des trésors d'ingénierie (et des sommes colossales) pour doubler les systèmes et tenter de se prémunir contre les pannes. Mais ces doublons sont eux aussi susceptibles de subir des avaries et doivent donc à leur tour être secourus par des triplons. Qui portera secours aux triplons, lorsqu'ils seront défaillants ? Ils ne seront pas défaillants, répond l'industrie.

Avant que Florence n'atteigne la côte, Trump a fait le tour des plateaux de télévision pour chanter son couplet sur tous les tons : « *It's gonna be wet ! It's gonna be wet*[1] *!*» Les autorités locales ne sont pas en reste et annoncent : «*Disaster is at doorstep, and it's coming in*[2] *!*» Le 13 septembre, la chaîne télévisée The Weather Channel, à grand renfort d'animation 3D, explique la gravité des risques d'inondation et appelle à la prudence. La population, sans y être contrainte, est encouragée à évacuer la zone. Mais lors de ces alertes, il n'est jamais question de la centrale nucléaire, qui semble avoir littéralement disparu de la carte. La communication officielle n'évoque pas non plus les dangers présentés par les installations de Global Nuclear Fuels, une usine d'enrichissement d'uranium située au nord de Wilmington, à une trentaine de kilomètres de la centrale de Brunswick. Et lorsque la question du risque d'accident nucléaire consécutif au passage de Florence est posée, elle est immédiatement balayée par les intervenants : aucun souci à se faire, les installations sont robustes. Alors que le *New York Times,* CNN, Reuters se sont fait l'écho de cette éventualité, la presse française, quant à elle, est restée absolument muette sur le sujet. Les modèles de projections sont pourtant concordants : après avoir touché terre à Wilmington, Florence décrira un parcours incurvé qui la fera remonter tout droit vers New York et Washington. On n'ose pas imaginer, en dehors d'un scénario de film d'épouvante, ce que cela pourrait signifier si elle devait emporter avec elle un panache radioactif. Il faudrait peut-être pourtant considérer une telle éventualité, car cette trajectoire est celle de la majorité des ouragans qui atteignent la côte est des États-Unis.

* * *

---

1. Ça va être mouillé, ça va être mouillé !

2. Le désastre est à notre porte et il est en train d'entrer.

Florence, à son approche des côtes, respecte à la lettre le parcours prévu par les experts : elle fonce effectivement droit sur Brunswick. Mais elle est tellement énorme qu'elle se gorge d'eau en fin de parcours, ce qui a pour effet de la ralentir considérablement. Initialement classée comme ouragan de catégorie 4, ses vents se calment et elle n'est plus qu'une simple tempête lorsqu'elle rencontre la terre ferme. En revanche, elle est tellement lourde que cela l'arrête dans sa course et qu'elle se met à pleuvoir, pleuvoir, pleuvoir, au moment précis où elle survole la centrale nucléaire. Toute la région est inondée, les routes sont coupées, les cours d'eau commencent à gonfler dangereusement. Jeudi 13 septembre, la NRC, agence de sûreté nucléaire américaine, annonce que la centrale nucléaire de Brunswick et l'usine Global Nuclear Fuels sont en train d'être « mises à l'arrêt », que des inspecteurs sont présents sur le site de la centrale et qu'une cellule de veille est active pour suivre la situation. Le lendemain, dans la nuit, les transformateurs électriques des alentours commencent à exploser un par un. Toute la région est désormais privée de courant. Aucune information ne filtre plus sur la situation réelle de la centrale.

Samedi 15 septembre, la NRC se contente d'un communiqué laconique indiquant qu'elle continue à surveiller attentivement la situation sur place et que la centrale de Brunswick est dans un état « sûr et stable[1] ». Au même moment, on apprend que d'immenses bassins contenant les résidus toxiques de la vieille centrale à charbon de Sutton, à quelques kilomètres de Wilmington, n'ont pas résisté à la puissance des flots déchaînés. De l'arsenic, du plomb, du mercure se sont

---

2. Source twitter @NRCgov, 15 septembre 2018.

déversés et ont contaminé l'eau. La pluie est toujours aussi intense, le niveau des rivières continue à monter, y compris celui du fleuve Cape Fear. *Le Monde* publie le même jour un portfolio[1] consacré aux ravages de la tempête Florence, qui a déjà fait cinq morts, sans évoquer la présence d'installations nucléaires dans la région. Sur l'une des photographies de l'agence Reuters, la neuvième de la série, on voit Trump absorbé dans la contemplation de ses téléphones, ainsi qu'un tableau représentant la progression de Florence. Une main opportunément glissée dans le cadre masque l'exact lieu où se situe la rencontre de la tempête et de la centrale, dans un résumé saisissant de la posture des journaux français et de la communication de l'atome : il faut parler de Florence au cas où quelque chose se produirait, mais surtout pas de Brunswick. Il ne faut pas dire ce qui pourrait se passer tant que cela n'est pas advenu. Ainsi va la sûreté nucléaire, dont toutes les failles sont systématiquement couvertes d'une *main opportune*, placée là pour dissimuler aux regards leurs innombrables « vulnérabilités ». Sur les télévisions américaines, on commence à voir apparaître des vidéos montrant des quartiers d'habitations inondés, filmés par drone. Au détour d'un reportage, on découvre qu'un hélicoptère de l'armée semble faire des allers-retours vers la centrale, mais aucune image des installations ne filtre. On ne sait pas si l'usine est inondée ou pas, si les alimentations électriques ont résisté aux précipitations. C'est un samedi.

---

1. « États-Unis : après l'ouragan Florence, les inondations menacent la côte est », Portfolio *Le Monde*, 15 septembre 2018. Le journal *Le Monde* a « suivi » l'événement, en publiant plusieurs articles (les 10, 14, 15 et 17 septembre) sur la tempête Florence : aucun d'entre eux n'évoque la présence d'installations nucléaires au centre de la zone la plus durement touchée par les inondations.

Commence alors un de ces interminables week-ends de *silence nucléaire*, pendant lequel l'autorité de sûreté américaine ne publiera ni communiqué, ni aucune autre information sur la situation. Dimanche, le compte Facebook du shérif de Brunswick montre une image de la route 211 à hauteur de St James, quelques kilomètres en amont de la centrale : elle est largement inondée. L'autre accès principal aux installations, via l'autoroute 87, semble également sous les eaux en plusieurs endroits. À Boiling Spring Lakes – la petite ville située à une dizaine de kilomètres de la centrale – le barrage de Sanford n'a pas résisté aux pluies torrentielles déversées par Florence et vient de se rompre, libérant des tonnes et des tonnes d'eau. La météo annonce une menace d'inondation décuplée dans les jours à venir, en raison des précipitations qui se poursuivent, mais aussi de la crue des rivières, qui n'atteindront leur maximum qu'en milieu de semaine suivante.

Lundi 17 septembre au matin, la situation est incertaine. Une centrale nucléaire a probablement les pieds dans l'eau, ou, dans le meilleur des cas, forme une sorte d'île depuis plusieurs jours, dans une région où il n'y a plus de courant électrique et où la plupart des routes sont impraticables. La principale autorité publique, censée informer la population lorsque la sûreté d'une installation est menacée, n'a rien dit depuis bientôt deux jours. Et lorsqu'elle sort enfin de son silence, le lundi, c'est pour nous souhaiter à tous, sur les réseaux sociaux, un joyeux 231e anniversaire de la Constitution américaine, agrémenté d'une illustration d'aigle sur fond de drapeau national ! Trois heures plus tard, elle publie enfin sur son compte Facebook un message indiquant que les deux réacteurs n'ont subi aucune perte d'alimentation électrique, que les équipements de sûreté n'ont pas été touchés, mais que, toutefois, durant le week-end, les exploitants ont déclaré un *« unusual event »* en raison des conséquences de la tempête Florence sur la centrale de Brunswick.

Sur son site, la NRC vient de mettre en ligne la fiche de l'événement n°53609, avec le statut « Emergency declared », datée du 15 septembre à 15 h 45. On y apprend qu'une situation d'urgence a effectivement été déclarée à la centrale deux jours auparavant, ce qui implique aussi que l'autorité de sûreté ait fait le choix de ne pas dévoiler cette information au public pendant tout le week-end. La communication de crise nucléaire tente de minimiser la situation en indiquant que ce classement serait lié à des inondations empêchant les employés de la centrale nucléaire d'accéder à l'installation « avec leur véhicule personnel[1] ». Ah ! Si c'est juste une affaire de voitures, alors... Aucune autre explication n'est donnée sur l'état de la centrale, sur le fait que l'agence de sûreté ait fait le choix de dissimuler l'isolement de l'usine et de ses salariés. Les jours suivants, certains journaux locaux, comme *The News & Observer*, précisent la situation : le site nucléaire est effectivement inaccessible en raison des inondations et son personnel n'a pas pu être relevé depuis plusieurs jours[2]. Les employés, dont certains sont donc sur le site depuis le mercredi de la semaine précédente, dorment sur des lits de camp et utilisent des pots de chambre, car l'eau courante est coupée à l'intérieur de la centrale, ce qui rend les toilettes inutilisables, indique le journaliste avec

1. « A hazardous event has resulted in on site conditions sufficient to prohibit the plant staff from accessing the site via personal vehicles due to flooding of local roads by Tropical Storm Florence », USNRC, *Event Notification Report for September 17, 2018*.

2. John Murawski, « Southport, NC: Nuclear state of emergency », *The News & Observer*, 17 septembre 2018 : « The problem is that no-one can come in and relieve the workers who have been on site for days. »

un louable sens du détail[1]. Concernant les réacteurs eux-mêmes, le porte-parole de la NRC déclare qu'ils sont en situation de «*hot stand-by mode 3 shutdown*», ce qui signifie que la température moyenne du «réfrigérant primaire» est supérieure à 200°. En clair: le circuit principal du réacteur nucléaire est extrêmement chaud, ce qui donne à la notion même *d'arrêt du réacteur* un sens très relatif. Il est plutôt en «pause chaude», sous la responsabilité d'une équipe fatiguée, à laquelle un hélicoptère s'efforce de balancer des vivres et de l'aide logistique. Tout est sous contrôle.

En réalité, on n'en saura pas beaucoup plus sur les conséquences que Florence a eues sur Brunswick. Tout rentrera officiellement dans l'ordre les jours suivants: le mardi 18 septembre, la porte-parole de l'exploitant Duke Energy indique en effet à la presse que certains travailleurs ont enfin pu être relevés, tout en précisant que l'exploitant ne souhaite pas s'exprimer sur les conditions dans lesquelles cette opération a été conduite, ni sur ses projets pour le redémarrage des réacteurs[2]. Mercredi 19 septembre à 14 heures, la centrale redevient accessible par route et la NRC met fin à son alerte. Les réacteurs sont effectivement redémarrés, sans qu'on sache exactement dans quelles conditions, et l'incident est clos. Les tenants de l'atome n'ont pas manqué, par la suite, d'écrire quelques tribunes pour présenter l'épisode de Brunswick comme une illustration de la parfaite résistance des centrales nucléaires face

---

1. John Murawski, «Floods limit access to Duke's Brunswick nuclear plant; crews use porta-potties, cots», *The News & Observer*, 17 septembre 2018. Un ingénieur du bureau régional de la NRC commente la situation concrète de la centrale en ces termes: «It's kind of like camping», c'est un peu comme du camping.

2. John Murawski, «Duke Energy lifts emergency at Brunswick nuclear plant; relief workers start to arrive», in *The News & Observer*, 18 septembre 2018.

aux phénomènes météorologiques extrêmes, de leur extraordinaire « résilience ». La combinaison politique habituelle de la *main opportune* et du *silence nucléaire*, en masquant la réalité des situations de danger aux populations concernées pendant près de deux jours, a parfaitement rempli son office de communication : aucun détail technique sur le *« hot shutdown »* provoqué par la tempête n'a filtré ; personne n'a reproché à la NRC son manque de transparence[1] ; on n'a pas entendu les salariés nous raconter leurs aventures ; et, surtout, aucune photo de la centrale entourée d'eau n'a été rendue publique. C'était l'essentiel pour l'industrie, pas de manchette de journaux avec une centrale nucléaire les pieds dans l'eau, ou sur son île, pour cette fois.

Ce scénario est appelé à se répéter et ne menace pas seulement la côte est des États-Unis. Alors que dans l'Atlantique, Florence fait céder les digues près de Brunswick, parallèlement dans le Pacifique, se développe un supertyphon « Mangkhut », d'une puissance inouïe. Il ravage les Philippines, provoquant « au moins 81 morts[2] ». Il atteint la Chine à Taishan, à la mi-septembre en tant que cyclone de force 14, avec des vents de 162 km/h, dans le plus parfait des *silences nucléaires*. Taishan, c'est l'endroit exact où se situe le premier EPR français, dont l'un des deux réacteurs vient de démarrer quelques mois auparavant, en juin 2018. Situé à 140 kilomètres de Hong Kong, où vivent sept millions d'habitants, son interminable construction a été ponctuée par de nombreux retards et diverses complications. Comment s'est déroulée

1. La CRIIRAD a publié une note le 14 septembre, actualisée le 19 : « Inquiétude sur les conséquences de l'ouragan Florence aux USA et du typhon Mangkhut en Asie du Sud-Est pour les installations nucléaires », qui n'a pas eu grand écho.

2. « Typhon Mangkhut : le bilan s'alourdit à 81 morts aux Philippines », *Le Monde*, 19 septembre 2018.

la rencontre entre Mangkhut et l'EPR de Taishan? Très bien, sans doute. C'est d'ailleurs étonnant que cela n'ait pas fait les manchettes: «Le choc frontal du supertyphon et de l'EPR français s'est bien passé!» Officiellement, ces questions ne préoccupent pas les foules, que les médias ne veulent pas accabler par de sombres pensées. D'un point de vue nucléaire et climatique, la côte de Brunswick aux États-Unis et celle de Taishan en Chine sont pourtant dans des situations assez similaires. Elles concentrent un très grand nombre d'installations, sur des territoires où les densités de population sont particulièrement élevées. Elles se trouvent en première ligne des phénomènes climatiques violents provoqués par ces furieuses tempêtes. La situation des centrales côtières françaises pourrait sembler moins tragique, dans la mesure où Bordeaux n'est pas Hong Kong, mais des usines comme le Blayais, Flamanville, Paluel, Penly ou Gravelines, par exemple, ne sont pas à l'abri. À l'intérieur des terres aussi, des inondations peuvent se produire. Cela a par exemple été le cas, en 2003, à la centrale de Belleville.

Inondation à Belleville en 2003 – Source: DR.

Outre les vents et les inondations, une autre menace climatique pèse directement sur les installations nucléaires, de façon sans doute moins spectaculaire, mais tout aussi aiguë et chronique : il s'agit des épisodes de sécheresse et de canicule. Lorsqu'elles sévissent, comme c'est le cas de plus en plus souvent, le débit des fleuves et rivières diminue jusqu'à mettre en péril le refroidissement des installations. Cette situation peut aussi être générée par le manque d'eau, mais pas seulement. L'eau entrant dans les circuits de la centrale peut aussi être trop chaude pour la refroidir correctement, ou, en sortant, avoir une température trop élevée pour que l'on puisse la rejeter dans la rivière sans détruire ostensiblement la vie aquatique. L'industrie a tenté de faire face à cette nouvelle contrainte en adoptant des mesures temporaires à travers des plans « Grands chauds », censés régler le problème, mais de l'aveu même de l'Autorité de sûreté nucléaire, un certain nombre de centrales françaises ont été construites sur des sites de rivières où le débit d'eau est insuffisant : Civaux, Bugey, Saint-Alban, Cruas, Tricastin, le Blayais, Golfech et Chooz. Lors de son audition à l'Assemblée nationale le 31 mai 2018, dans le cadre de la commission d'enquête sur la sûreté et la sécurité des installations nucléaires, le physicien Bernard Laponche a ainsi pu déclarer : « Il est très probable qu'à l'échéance de quelques dizaines d'années, les réacteurs situés sur les fleuves ne seront plus admissibles, du fait de l'augmentation de la température de l'eau et de la baisse de son niveau, mais, à ma connaissance, cela n'est pas réellement pris en considération. Reste la mer, mais des inondations pourraient se produire en raison de la multiplication des tempêtes[1]. »

---

1. Audition de Bernard Laponche, Global Chance, Assemblée nationale, jeudi 31 mai 2018.

De quelque côté qu'on prenne le problème, on n'en sort pas : les centrales nucléaires sont directement menacées par le dérèglement climatique, que ce soit sous l'angle des inondations, de la sécheresse, de la hausse du niveau de la mer. Qu'adviendrait-il si les six réacteurs de Gravelines se retrouvaient noyés, ainsi que les quatre unités du Blayais ? Que deviendront les cœurs de ces réacteurs ? Faudra-t-il en urgence les démonter et les transporter ailleurs ? Quel genre de conditions de travail seraient offertes aux salariés pour cet ouvrage ? Une chose est sûre : le nucléaire ne sauvera pas le climat. Bien au contraire, l'évolution extrêmement rapide des conditions climatiques obligera les exploitants à éteindre de plus en plus souvent leurs installations.

L'inondation du Blayais a offert, les 27 et 28 décembre 1999, un exemple spectaculaire de silence atomique. Alors qu'une digue avait été partiellement détruite, le site isolé, les quatre réacteurs touchés par des ruptures d'alimentation électriques sur les circuits primaires et secondaires, les pompes noyées, rien n'a percé. Le public n'est informé de ces événements que le 5 janvier, lorsque paraît un article de *Ouest France* intitulé « Très près de l'accident majeur ». EDF se défend alors des accusations de dissimulation en utilisant une méthode qui lui est chère, que l'on pourrait baptiser *la publication confidentielle*, mêlant l'art du message codé et de la mauvaise foi : « Ces informations étaient mises en temps réel à la disposition du grand public sur le serveur minitel MAGNUC de la DSIN et sur le site internet de la DRIRE Aquitaine. Dans un premier temps, ces actions d'information n'ont rencontré que peu d'échos de la part des médias, concentrés sur les conséquences plus directement perceptibles de la tempête, qui de ce fait ont faiblement relayé l'information initiale vers le public[1]. » Voilà. On vous avait tout expliqué, dans un langage technique aussi incompréhensible et sur des canaux aussi faiblement consultés que possible, vous n'aviez qu'à vous débrouiller pour trouver l'info. Si le public n'a pas été mis au courant, c'est tout simplement parce que les journalistes n'ont pas pris la peine de consulter le serveur minitel MAGNUC, qu'y peut-on ? Élise Lucet, alors en charge de la présentation du 19/20 sur France 3, annonce ainsi le soir du 5 janvier — neuf jours après les faits : « On ne l'a appris qu'aujourd'hui, cette tempête a aussi eu des conséquences qui auraient pu être dramatiques sur la centrale nucléaire du Blayais, en Gironde. Les circuits de sécurité ont été en partie inondés, deux des réacteurs n'ont d'ailleurs pas été autorisés à redémarrer, il faudra sûrement plusieurs semaines pour remettre la centrale en état[2] ». Le lendemain, *Libération* publie un bref article au titre ironique : « À la centrale nucléaire du Blayais, l'impossible inondation a eu lieu ». L'inondation était d'ailleurs tellement impossible, impensable, inconcevable, et imprévisible, que selon le communiqué du 28 janvier 2000 publié par la CGT, « un rapport EDF interne datant de 1997 mettait déjà l'accent sur la nécessité d'un rehaussement de 0,5 m de la digue destinée à la protection du site. Ces travaux initialement prévus en 2000 avaient été reportés en 2002 pour des raisons budgétaires[3] ». La formule du PDG d'EDF François Roussely, interrogé en commission parlementaire sur cet épisode, illustre parfaitement le caractère inopérant des *théories du retour d'expérience* : « Nous étions devant un phénomène exceptionnel dont nous

---

1. IRSN, « Rapport sur l'inondation du site du Blayais survenue le 27 décembre 1999 », 17 janvier 2000.
2. 19/20 France 3 Bordeaux, 5 janvier 2000.
3. Communiqué de presse du syndicat CGT de la centrale nucléaire du Blayais, 28 janvier 2000.

n'avons pas apprécié la probabilité[1]. » L'inondation des sous-sols d'une usine située au bord d'un estuaire n'est pourtant pas, en soi, une situation particulièrement stupéfiante.

Le probabilisme dont fait preuve l'industrie nucléaire ne lui est pas propre. Elle partage cette philosophie industrielle avec des secteurs d'activité voisins comme la chimie (donc aussi, hélas, l'agriculture et la médecine), le BTP ou encore l'automobile. Combien de morts chaque année dans les accidents de voiture ? C'est un *risque à courir,* nous dit-on. L'assurance règne en maître à penser sur ces secteurs. Mais concernant le nucléaire, après guerre, les grands assureurs n'ont pas voulu y aller, jugeant l'aventure trop *risquée*. Ce refus a été acté et assumé par les États et, aujourd'hui encore, l'atome est loin d'être assuré *tous risques*.

1. Rapport parlementaire n° 2331 de l'Assemblée nationale / n° 316 du Sénat, dit rapport Birraux, avril 2000.

Deuxième partie : LE NUCLÉARISME EST UN PROBABILISME

Le nucléaire n'est pas un risque

«And what would Karen Silkwood[1] *say to you*
If she was still alive?
That when it comes to people's safety
Money wins out every time[2]*»*
Gil Scott-Heron, We almost lost Detroit

On pourrait nommer «probabilisme» le courant idéologique qui consiste à appliquer des raisonnements de probabilité à toutes sortes d'objets non mathématiques, avec l'objectif de donner aux faits ainsi présentés une apparence d'ordre, et donc de légitimité scientifique. Mais faut-il vraiment s'appuyer sur la statistique, entendue comme une méthode d'analyse des données, lorsqu'on développe une industrie nouvelle telle que l'industrie nucléaire, pour laquelle les données sont inexistantes ou secrètes? L'entreprise semble hasardeuse, mais elle présente pour l'industrie l'avantage de *sous-estimer structurellement le danger*. En effet, avec de telles méthodes, lorsque aucun accident majeur n'a officiellement eu lieu, il est très facile de considérer comme nul le danger d'accident majeur. Risque: zéro, ou si peu. Le probabilisme a ainsi rendu de grands services au développement de l'industrie nucléaire, en minimisant la possibilité des catastrophes et en niant la menace

1. Karen Silkwood, syndicaliste américaine, a dénoncé les contaminations professionnelles et les trafics de plutonium qui avaient lieu à l'usine Kerr-McGee de Cimarron City, dans l'Oklahoma. Elle a été contaminée et très probablement assassinée, en novembre 1974. Au terme d'un grand procès, ses enfants ont obtenu en 1979 la condamnation de la compagnie, qui a dû leur verser plusieurs millions de dollars de dommages et intérêts.

2. «Et que te dirait Karen Silkwood, si elle était toujours vivante? Que, s'agissant de la sûreté des gens, l'argent sort toujours gagnant.»

sanitaire et politique que son activité fait peser sur tous les organismes vivants, dont nous.

Les résultats des calculs issus des modèles probabilistes d'accidents nucléaires élaborés depuis les années 1970 se sont régulièrement révélés faux, systématiquement dans le sens d'une atténuation du risque. Cela n'a pas empêché l'industrie de continuer à calculer comme si ses nouveaux résultats étaient nécessairement exacts. En fait, l'un des plus profonds malentendus à propos du nucléaire repose sans doute sur l'idée communément admise que *le nucléaire serait un risque*. Le nucléaire n'est pas un risque. C'est un danger, au sens où l'ancien français « dangier » désignait un empire, une domination. Il est ce « dangier », cette puissance qui nous met à la merci de son activité, et les problèmes d'organisation politique que cette situation soulève n'ont pas grand-chose à voir avec ceux qui sont posés si on accepte d'envisager l'industrie nucléaire comme un risque, donc comme quelque chose qu'il nous faudrait estimer, gérer, accepter. Lorsque nous glissons du danger au risque sans avoir conscience de ce qui se joue sous la plaque de verglas, nous ignorons délibérément un péril qui, pourtant, nous menace directement.

* * *

La notion de *risque* est entrée si profondément dans le langage courant, dans des domaines variés tels que la médecine, la finance ou la prévention routière, qu'on l'utilise sans forcément réfléchir à l'univers idéologique auquel elle renvoie. En effet, alors que le danger, une fois connu, appelle de notre part une réaction immédiate (lui faire face, le fuir, décider de l'ignorer, etc.), le risque implique un tout autre type d'activité : le calcul. Cette opération, qui a d'abord été une « espérance », au sens mathématique du terme, est vite devenue l'un des outils conceptuels majeurs des libéralismes économiques, une sorte de couteau suisse de la pensée assurantielle – à supposer que quelque chose de cet ordre existe. Les théories dites de « gestion du risque » *(risk management),* qui sous-tendent les pratiques industrielles et leur légitimation, ne s'intéressent pas directement aux dangers qu'elles font courir aux populations. Elles se contentent de présenter des données de façon *probabiliste.* Les risques sont alors classés dans des « matrices de risques » selon les axes de leur probabilité d'occurrence (de « rare » à « quasiment certain ») et de leurs conséquences (de « la plus anodine » à « la plus grave »). Dans un tel système, le risque d'accident est conçu comme la multiplication d'une probabilité d'occurrence, c'est-à-dire la chance que l'accident advienne, par ses conséquences, envisagées comme des dommages. Pour le dire plus simplement :

Risque = Probabilité x Dommages.

Les matrices de risque prennent la forme concrète de tableaux multicolores rudimentaires, que l'on enseigne doctement dans les formations d'ingénieurs et que l'on retrouve aussi sur de nombreux sites « innovants » dédiés au commerce et à la finance. Elles y sont présentées comme des vérités révélées.

			Gravité				
			Mineure	Significative	Sévère	Critique	Catastrophique
Probabilité	Fréquent	A					
	Probable	B					
	Peu probable	C					
	Rare	D					
	Extrêmement rare	E					

	Risque inacceptable, mesures indispensables de réduction du risque
	Risque à surveiller, mesures adaptées de réduction du risque
	Risque acceptable

Principe de construction d'une matrice de criticité dans le cas des barrages[1].

Officiellement, on doit ces matrices envahissantes à un ingénieur nucléaire britannique nommé Frank Reginald Farmer, qui a défini le risque comme le produit d'une probabilité et d'une conséquence (AIEA, 1958[2]). Derrière ce calcul simpliste, le probabilisme de Farmer a un objectif on ne peut plus concret, qui apparaît clairement lors de sa communication au colloque de l'AIEA de 1967 à Vienne[3] : introduire un changement de perspective dans le domaine de l'analyse des risques, de façon à pouvoir implanter des réacteurs nucléaires dans des régions à forte densité de population, « en vue d'un besoin croissant de flexibilité dans le choix des sites[4] ». Maintenant que de nombreux pays, y compris des pays fortement peuplés, « ont accepté le rôle majeur de l'énergie nucléaire », Farmer estime que les standards de sûreté doivent rapidement atteindre un degré suffisant afin qu'il soit possible de choisir de façon « complètement libre[5] » les sites d'implantation, les lieux où seront édifiés les réacteurs. Il suggère enfin de réserver les régions les moins peuplées aux prototypes[6]. On voit ici que la notion de risque nucléaire se fonde sur une méthode d'analyse qui a été élaborée *pour permettre le développement de l'industrie* – et pas du tout pour protéger les populations, ni apprendre quelque chose du monde.

---

1. (p. préc.) « Méthodes de programmation à court terme des travaux d'entretien et de rénovation du patrimoine », *Sciences Eaux & Territoires*, n° 20, 2016.

2. Cyrille Foasso, « Histoire de la sureté de l'énergie nucléaire civile en France (1945-2000) », Université Lumière Lyon 2, 2003.

3. F.R. Farmer, « Siting Criteria – A New Approach », Proceedings of the IAEA symposium on nuclear siting, IAEA, 1967, p. 303-329.

4. « In view of the growing need for flexibility in reactor siting », *ibid.*, p. 314.

5. « Complete freedom in siting », *ibid.*, p. 318.

6. « Less populated sites might be reserved for the development of new types », *ibid.*, p. 318.

Non contentes de multiplier des probabilités par des conséquences, ces échelles pseudo savantes de classement des risques utilisent une autre notion, d'un ordre encore différent, à la fois psychologique et social, qui arrive dans cet édifice théorique disparate comme un éléphant dans un magasin de porcelaine : « l'acceptabilité ». Pour schématiser, les risques dont les conséquences sont graves ou dont la probabilité est élevée se voient attribuer le qualificatif « inacceptables », ceux dont les conséquences sont peu graves ou qui ont de faibles chances d'advenir sont étiquetés « acceptables », tandis que la zone limite située dans l'intervalle implique des actions de surveillance et de « réduction des risques ». Mais qui donc *accepte* ce risque ? Quelle représentation avons-nous du risque que nous sommes censés accepter ? Et comment se formule politiquement cette acceptation ou cette non-acceptation ? Dans le système de pensée du probabilisme nucléaire, ces questions n'ont pas lieu d'être. C'est le risque lui-même, qui, par son degré, est acceptable ou ne l'est pas. *Tout dépend du calcul.*

En glissant du danger au risque, on glisse donc en quelque sorte du risque à son acceptation. En effet, tant que le nucléaire est considéré comme un péril, il reste susceptible de provoquer d'autres réactions que l'acceptation : chercher des modes d'organisation permettant de s'y soustraire, refuser de consommer sa production, bref, ne pas rester à sa merci. Une fois transformé en risque, le danger s'évanouit devant une décision pratique d'acceptation.

En 1975, le rapport Rasmussen avait conclu qu'il existait une chance d'accident majeur sur 17 000 par réacteur et par an, autrement dit, qu'on pouvait théoriquement s'attendre à un accident tous les 170 ans pour un parc de 100 réacteurs identiques[1]. Il y a eu trois fusions de cœurs à Fukushima (Japon) en 2011, une à Tchernobyl (Ukraine) en 1986, une à Three Mile Island (États-Unis) en 1979, ce qui montre sans avoir besoin de se livrer à aucun calcul que le danger nucléaire s'est réalisé beaucoup plus souvent que prévu. Pire, si on remonte l'histoire des fusions de cœurs avant la publication du rapport Rasmussen, on voit qu'il y avait déjà eu deux fusions à Saint-Laurent-des-Eaux (France) en 1969 et 1980, une à Lucens (Suisse) en 1969, une à Chapelcross (Écosse) en 1967, une dans le Michigan en 1966, ainsi que plusieurs autres recensées sur des sites d'essais, des centrales expérimentales, des sous-marins nucléaires… Alors bien sûr, *l'ingénieur calculateur* pourra toujours dire qu'il a fait ses opérations sur d'autres types d'usines, mais nous pourrons lui répondre, sans avoir à sortir notre boulier à la lueur d'une bougie, que des cœurs nucléaires semblent fondre assez régulièrement, en tout cas plus rapidement qu'à raison d'un tous les 17 000 ans. Mais le but de ces démonstrations chiffrées est précisément que l'on ne s'en préoccupe pas. Vous avez à peu près autant de chances de mourir suite à un accident nucléaire que d'être heurté par une météorite, affirmait la campagne de communication de 1974 qui a précédé la sortie du rapport Rasmussen. On retrouve l'idée selon laquelle le danger nucléaire serait un risque négligeable, qui n'est rien d'autre qu'un argument d'autorité drapé dans des courbes scientifiques.

Le probabilisme présente l'immense avantage de permettre à ceux qui l'exploitent de fixer eux-mêmes

1. Cyrille Foasso, *ibid.*, in « L'étude Rasmussen : Wash 1400 / 10.2.4. Résultats de l'étude ».

les seuils, que ce soit sur l'axe de la probabilité ou sur celui de la gravité, celui de la fréquence ou celui du nombre de morts. Mais pour que ces seuils aient une efficacité sociale, il faut qu'ils soient présentés comme des données scientifiques. Vous pensez que le feu nucléaire est susceptible de sortir un jour de son chaudron pour contaminer les terres alentour ? Nous répondons d'abord qu'en raison d'une probabilité extrêmement faible, cela n'arrivera *probablement jamais,* à moins que vous ne redoutiez de perdre la vie suite à la chute d'une météorite – chacun a ses petites angoisses, c'est bien compréhensible. Malgré ce déni, l'improbable arrive pourtant ? Pas de panique ! Nous affirmons que la *probabilité* que cet accident extrêmement rare se reproduise est si faible qu'une telle exception ne saurait en aucun cas être statistiquement représentative. Sur ces entrefaites, survient une nouvelle catastrophe, puis une troisième ! Toutes assez significatives en nombre de blessés, de morts, en souffrances et peines infinies. Il suffit alors de changer opportunément quelques seuils, de tripoter un ou deux facteurs, d'ajuster des approximations, de refaire les savants calculs, pour parvenir par chance au même résultat : le risque nucléaire existe, bien sûr, mais si vous avez déjà traversé une route, conduit une voiture, fumé une cigarette, bu un verre d'alcool, ou encore descendu un escalier, vous savez forcément qu'aucune activité humaine n'est sans risque. Pourquoi le nucléaire ferait-il exception ? Un tel risque, bien qu'il se soit déjà actualisé plusieurs fois sous la forme d'un grand danger et des conséquences d'une terrible gravité, reste malgré tout si faible qu'il n'existe pour ainsi dire pas : il est *négligeable*. Pas besoin d'avoir fait l'école des Mines pour comprendre que la ruse probabiliste sert avant tout de fondement à une pensée pratique. Comme son nom l'indique, un « risque négligeable » doit être négligé, de même qu'un « risque acceptable » doit être accepté. La notice est en quelque sorte incluse dans le concept. En ce sens, le probabilisme est à la fois une idéologie et une morale, puisqu'il décrit le monde depuis son paradigme matriciel sommaire, tout en nous disant ce que nous devons y faire pour être au bon endroit dans la matrice. Quand la catastrophe devient trop visible, quand la menace est trop grande, les pollutions trop évidentes, les maladies trop dramatiques, il arrive qu'il faille refaire quelques opérations, relever les seuils, et le tour est joué. Sans doute, cette méthode ne peut pas faire illusion éternellement, mais elle remplit parfaitement la seule fonction que lui attribuent ses promoteurs : gagner du temps, aller d'accident en accident, de contamination en contamination, sans que jamais la menace n'apparaisse au grand jour et ne constitue un frein aux développements industriels.

* * *

Aujourd'hui, l'État nucléaire continue à affirmer qu'un accident majeur est hautement improbable en France, même si ses formulations sont de plus en plus hésitantes. Il dit cela en attendant que le prochain de ces accidents arrive, car en réalité si les statistiques pouvaient nous être d'un quelconque secours, si elles pouvaient nous parler de ce qui se passe vraiment, de la multiplication des défaillances, du vieillissement des matériaux, de l'ampleur des contaminations qui ont déjà eu lieu et dont on parle si peu, de la dégradation des conditions de travail dans les usines et les bureaux, des charges nouvelles que font peser les pratiques de management néolibéral fragilisant les équipes, si les chiffres parlaient de tout cela, ils nous diraient certainement qu'une contamination nucléaire massive est possible et que, dans un certain nombre de pays, elle est même de plus en plus *probable*. Mais faut-il répondre ainsi *par la statistique* à une philosophie mensongère promue par l'industrie nucléaire ? Avons-nous vraiment besoin de faire des contre-calculs pour deviner qu'en vieillissant, les usines vont tomber plus souvent en panne ou que leurs tuyaux rouillés risquent d'avoir plus de fuites ? N'est-il pas évident que des équipes réduites, moins formées, travaillant à cadence accrue, avec des statuts professionnels précaires, sont susceptibles de rencontrer plus de difficultés techniques dans l'exercice de leur métier ? Pourquoi faudrait-il passer, lorsqu'on critique les sophismes statistiques, par un contre-énoncé d'apparence scientifique qui se révélera de toute façon faux jusqu'à preuve du contraire ? Doit-on éternellement, pour gagner le droit de s'opposer à des pratiques industrielles qui nous menacent aussi directement, enfiler une blouse blanche, définir d'autres seuils, faire d'autres calculs, les présenter en s'asseyant à côté d'une paillasse, entre deux éprouvettes ? Lorsque nos calculs s'avéreront plus justes que ceux de l'industrie nucléaire, ce qui n'est pas difficile, il sera trop tard pour choisir une autre organisation collective. Tant qu'il n'y a pas eu *officiellement* d'accident, ceux qui disent qu'il n'y en aura pas auront toujours raison. Ceux qui disent qu'il y aura un accident, avec l'espoir de l'empêcher, n'auront donc par définition raison qu'une fois arrivé l'accident, ce qui rendra vaine leur démarche. La voie de la contre-statistique est sans issue.

Face à la prophétie nucléaire, il nous suffit de constater qu'il *peut* y avoir des contaminations massives – ce que personne ne conteste plus – et de prendre au sérieux cette possibilité, sans lui faire subir aucun calcul, en considérant simplement l'immensité du danger que cela représente pour nous.

Qui serait alors favorable à une telle entreprise ? Au lieu de cela, l'industrie nucléaire nous sert des histoires de jeux de dés censés retomber toujours du bon côté, dans le but d'obtenir, sinon notre assentiment, du moins notre silence résigné. Si nous ne voulons pas partager avec elle une partie de cartes dont elle fixe toutes les règles, sûrs d'en sortir perdants, nous devons donc refuser radicalement les approches statistiques, refuser les argumentaires chiffrés, et considérer une fois pour toutes que le nucléaire n'est pas un risque. C'est un danger, une menace permanente, d'essence militaire, lourde et parfaitement *refusable,* indépendamment de tout seuil ou quantification. Bref, on peut s'opposer au nucléaire, sans devenir experts en la matière : la question étant largement politique, une appréciation globale peut suffire.

* * *

L'évolution du discours sur les « faibles doses » offre une autre illustration frappante de la façon dont opère l'idéologie probabiliste. Dans un entretien enregistré par la télévision française en 1957, le professeur Louis Bugnard, directeur de l'Institut national d'hygiène (qui deviendra l'Inserm), déclarait à propos de la radioactivité : « Toute dose, si petite soit-elle, peut entraîner des effets génétiques. » Un tel intitulé, qui a le mérite de la clarté, aurait dû interdire le développement de l'industrie nucléaire. En effet, une fois établi que les rayonnements ont le pouvoir, y compris à « petite » dose, de modifier l'organisation génétique du vivant, comment penser que la manipulation de matières radioactives n'aura pas un impact direct sur la santé des travailleurs chargés de l'effectuer et sur celle des habitants qui y seraient exposés ? Comment expliquer ouvertement que la santé des salariés et des riverains importe peu, ou en tout cas nettement moins que le développement de cette nouvelle industrie ? C'est, on le comprend, délicat. Les nucléaristes ont donc préféré nuancer leurs positions sur ces faibles doses et formuler la thèse – qu'ils soutiennent encore aujourd'hui mordicus et par tous les vents – selon laquelle les faibles doses de radioactivité n'auraient pas sur le vivant « d'impact significatif », étant donné que nous cohabitons, depuis la nuit des temps et sans dommage notoire, avec ce qu'ils adorent appeler la « radioactivité naturelle » qui serait présente à la surface de la terre. En réalité, quand des experts établissent un seuil en dessous duquel ils parlent de « faibles doses », ils ne définissent pas un seuil en dessous duquel la menace pour la santé serait nulle, ou si faible qu'il en deviendrait effectivement négligeable, mais seulement d'un « risque maximum admissible ». La question de savoir ce qu'il faut admettre et s'il faut ou non l'admettre n'est pas posée ici, puisque *l'admission sert en quelque sorte d'unité de calcul.* Il est ainsi considéré comme admissible que la population française reçoive une « dose efficace » d'un millisievert[1] par an. Cette dose est laissée à l'appréciation des biologistes et des hommes politiques, elle peut d'ailleurs évoluer si les circonstances l'exigent. Cela a été le cas au Japon suite à la catastrophe nucléaire de 2011, où la dose maximale admissible a été arbitrairement portée de 1 à 20 millisieverts par an. Aujourd'hui, le risque « acceptable » pour un enfant japonais est donc le même que pour un travailleur du nucléaire en France. Qu'est-ce que cela peut bien signifier et qu'est-ce que ça nous apprend sur ce *risque* supposé ?

---

1. Unité de mesure censée évaluer l'impact des rayonnements ionisants sur le corps humain.

La notion de « faible dose » n'est rien de plus qu'une convention, un seuil pratique. Elle n'a aucun sens en tant que limite biologique, médicale, sanitaire, elle ne nous permet pas de savoir si, oui ou non, nous sommes exposés à un cancer lorsque nous vivons ou travaillons dans un endroit contaminé à tel ou tel degré. Quand l'IRSN écrit que « pour un niveau inférieur à 100 mSv, aucun effet à long terme sur la santé n'a été démontré », l'institut ne nous dit pas du tout qu'en dessous de 100 mSv, il n'y a pas de danger. Il parle en creux, comme l'explique la phrase suivante : « Au-delà de 100 mSv, des effets à long terme des rayonnements ionisants ont été démontrés par des études épidémiologiques (étude des populations d'Hiroshima et de Nagasaki). » Autrement dit, en dessous de 100 on n'est sûr de rien, en revanche au-dessus de 100 on est certain que c'est dangereux[1]. La justification du choix du seuil est tout de même intéressante : techniquement, l'institut qui est censé avoir la meilleure expertise en matière de radioprotection ne nous dit pas que les faibles doses ne présentent aucun danger pour la santé – ce qui serait trop visiblement nous mentir – mais simplement que, pour une matrice de risques donnée et en l'état actuel des connaissances disponibles, l'activité nucléaire peut se déployer avec un niveau de risque qu'elle juge *acceptable*. La matrice nucléaire ne nous parle pas de nous, elle nous parle d'elle-même et nous dit : « C'est bon, je peux y aller ! »

En poussant encore le raisonnement, il est évident que ce seuil ne nous apprend rien en termes de biologie, de médecine, mais qu'il nous renseigne, par exemple, sur la situation de la population japonaise :

---

1. Je supprime ici volontairement les unités car le seuil étant aléatoire, il pourrait presque s'agir d'oranges ou de litres de lait sans que cela n'y change rien.

du point de vue du seuil, tous les japonais sont en quelque sorte devenus des travailleurs du nucléaire. Sur un territoire accidenté, même lorsqu'on ne vit pas à proximité immédiate de la centrale, les politiques nationales transforment les populations en employées de l'industrie nucléaire, chargées de gérer ses usines défectueuses, d'incinérer ses déchets, de supporter les frais de la « gestion » post-accidentelle, et même à l'occasion de « manger Fukushima » par pur patriotisme[1]. Les Japonais, qui doivent supporter une multiplication par vingt du risque maximum admissible de contamination, ont-ils pour autant droit à un suivi médical particulier, comparable à celui des « travailleurs exposés aux rayonnements ionisants » en France ? Non, bien sûr, pas plus qu'ils ne perçoivent de rémunération pour leur travail forcé. Pendant qu'en France des travailleurs ayant dépassé la fameuse dose professionnelle de 20 mSv/an se retrouvent sur le carreau, interdits d'activité et souvent privés de ressources pendant une importante période de l'année, des millions de gens ont « droit » à la même dose qu'eux, simplement en vivant là où ils vivent. On voit bien que tout cela n'a aucun sens sanitaire : la logique de *l'échelle des doses* ne peut aboutir qu'à davantage de contamination.

L'enjeu pour l'industrie nucléaire n'est pas ici simplement de démontrer son innocuité pour la beauté des principes. Elle utilise l'approche statistique – *on ne vous promet pas que notre activité ne vous causera pas de cancers, mais si vous restez en dessous de tel ou tel seuil, nous considérons que votre risque de cancer n'est pas significatif* – pour s'exonérer de sa responsabilité financière à l'égard des organismes vivants,

1. Rappelons qu'en 2016, Charles Aznavour est allé consommer des produits de la zone contaminée de Fukushima, à l'invitation de l'ambassade de France. Mathieu Gaulène, « Quand la France se sert de Charles Aznavour pour banaliser Fukushima », Reporterre, 22 juin 2016.

travailleurs et riverains du nucléaire en tout premier lieu, mais aussi animaux, terres, végétation, eau : le nucléaire fait des blessés de toute nature. Les personnes atteintes de maladies graves ou décédées suite à des contaminations radioactives sont souvent tenues au silence par des contrats qui imposent la confidentialité, mais cela ne signifie pas qu'elles n'existent pas ou n'ont pas existé. Lorsqu'elles ont assez d'éléments, de moyens, de force, pour se lancer dans une procédure et tenter de faire reconnaître l'exposition aux radiations comme cause de leur maladie ou de celle de leurs proches, ces personnes sont généralement déboutées par les ruses, là encore, de l'approche statistique. On leur dit en substance : « Vous avez travaillé dans une usine d'Areva, d'EDF, et souffrez aujourd'hui d'un cancer du poumon. Mais, en même temps, vous êtes fumeur. On ne saura donc jamais si c'est votre métier ou la cigarette qui vous a été dommageable, et, en l'absence de *certitude* sur la cause de votre mal, nous sommes hélas dans l'impossibilité de vous indemniser, vous et votre famille. » En effet, l'indemnisation obéit à des logiques de type probabiliste, dans la mesure où elle se fonde sur l'existence d'un lien « statistiquement démontrable » entre le dommage et l'entité qui a causé le préjudice. Autrement dit, il faut pouvoir établir de façon *significative* que l'exposition à la radioactivité est un facteur essentiel de la maladie, ce qui est extrêmement difficile et rend le jugement largement dépendant de la volonté du tribunal de prendre en compte le facteur nucléaire dans la maladie ou le décès. Avec un tel contexte, on s'attendrait au moins à ce que le prétendu « risque nucléaire » soit assurable, puisque les logiques assurantielles ont largement contribué à ce qu'il soit envisagé sous cet angle. Malheureusement pour les habitants, appelés à payer le coût de l'accident lorsque celui-ci advient, il n'en est rien.

Petite histoire de l'irresponsabilité nucléaire

«L'ampleur des dégâts entraînerait des dédommagements dont les montants dépasseraient les capacités du marché de l'assurance.»
Rapport de la Cour des comptes, janvier 2012[1]

«Un régime spécial de responsabilité civile nucléaire s'impose car le droit commun n'est pas adapté aux problèmes particuliers dans ce domaine.»
Exposé des motifs de la Convention de Paris, 1960[2]

«À ces nombres, il faut ajouter les cancers dus à l'impossibilité d'appliquer les mesures d'urgence "optimales".»
Rapport de l'IRSN, 2007[3]

En mars 2014, j'ai entrepris d'écrire une chanson pour évoquer les coûts financiers et sanitaires d'un accident nucléaire en France. Je me demandais comment cela se passerait concrètement : les gens touchés par la contamination seraient-ils ou non effectivement «pris en charge» sur le plan médical ? Quels seraient les montants des aides et indemnisations, selon quels critères, par quels organismes ? Une question, en particulier, me taraudait : comment serait financé tout cela si les caisses de l'État se trouvaient malencontreusement «vides» à ce moment-là ? Pour mieux comprendre la nature

1. «Les coûts de la filière électronucléaire», Rapport public thématique de la Cour des comptes, p. 241, janvier 2012.
2. Exposé des motifs de la Convention de Paris de 1960, deuxième point de l'introduction.
3. «Examen de la méthode d'analyse coûts-bénéfice pour la sûreté», IRSN, Direction de la sûreté des réacteurs, Rapport DSR n° 157, Annexes, p. 41.

et l'étendue des responsabilités engagées du côté des industriels et des États, j'ai réalisé un entretien de documentation avec Sezin Topçu[1], chercheuse au CNRS, historienne et sociologue des techniques, auteure de *La France nucléaire. L'art de gouverner une technologie contestée*[2]. Il est apparu lors de cet échange que les dispositions actuellement en vigueur en France étaient le fruit d'une histoire remontant aux années 1950, dans laquelle les États-Unis avaient joué un rôle moteur et structurant. Les questions que je me posais renvoyaient en fait à des problèmes d'ordre légal et nécessitaient de comprendre en quoi consistait l'« irresponsabilité » financière des industries nucléaires et, dans une large mesure, celle des États. Ce que raconte cette histoire, c'est que non seulement l'État ne nous protège pas, mais aussi qu'il s'est organisé pour n'être pas redevable de grand-chose en cas d'accident. En termes de chiffres, on arrive à une enveloppe de 350 millions d'euros du côté des garanties, tandis que les évaluations des coûts de l'accident majeur évoquent plutôt des centaines, voire des milliers de milliards d'euros de dommages. Voici, pour commencer, une retranscription de l'entretien lui-même, suivie de quelques propositions d'interprétation.

* * *

1. Les informations historiques et les notions abordées dans ce chapitre doivent beaucoup aux travaux de la chercheuse Sezin Topçu, sans que celle-ci puisse être tenue responsable de l'analyse qui en est faite. Pour un texte écrit de sa main et un approfondissement théorique de ces questions, on pourra se référer à l'article qu'elle a publié sur cette question en 2014 : « Organiser l'irresponsabilité ? La gestion (inter) nationale des dégâts d'un accident nucléaire comme régime discursif », Sezin Topçu, revue *Écologie et politique* n° 49, p. 95-114.

2. Sezin Topçu, *La France nucléaire. L'art de gouverner une technologie contestée*, Seuil, 2013.

Entretien avec Sezin Topçu, mars 2014 (extraits)

La Parisienne Libérée – Quand a-t-on commencé à définir des obligations légales, des zones d'exclusion, à chiffrer le coût des accidents nucléaires, à organiser toutes les questions de responsabilités liées à la mise en place des industries atomiques?

Sezin Topçu – Les États-Unis définissent les premiers cadres législatifs censés s'appliquer en cas d'accident nucléaire dès les années 1950. L'Atomic Energy Commission (AEC) américaine, qui est l'équivalent du CEA[1] français, détermine à cette époque les premières zones d'évacuation autour des sites nucléaires. Ses prévisions mentionnent des rayons indicatifs d'environ 30 kilomètres, qui seront par la suite revus à la baisse. Ces réflexions interviennent précisément au moment où le Congrès américain vote l'*Atomic Energy Act* de 1954, une loi fédérale qui fait de l'énergie nucléaire une priorité nationale. Dans la foulée de cette loi, les experts de l'AEC multiplient les scenarii d'accidents et certaines de leurs projections se révèlent extrêmement alarmantes. C'est notamment le cas d'une étude commanditée par l'AEC à un groupe d'experts du laboratoire de Brookhaven, l'un des deux laboratoires américains de physique nucléaire ayant participé à la mise au point de la bombe atomique. Ce groupe de Brookhaven publie en 1957 un rapport officiel qui met en avant des chiffres impressionnants : il parle de la nécessité, en cas d'accident dans un réacteur d'une puissance d'environ 500 MWe, d'évacuer

1. Le Commissariat à l'énergie atomique et aux énergies alternatives (CEA) est un organisme public français de recherche, qui dispose de cinq centres pour les applications militaires et de quatre centres d'étude civils. D'après son site web, il a été « créé en 1945 pour mettre en œuvre un projet politique majeur – développer toutes les applications issues des sciences de l'atome ».

un territoire de 240 000 km²; du déplacement des habitants d'une grande ville; il envisage 3 400 morts et 40 000 personnes irradiées; et il mentionne un coût de 7 milliards de dollars. Ces estimations sont jugées catastrophiques par l'industrie nucléaire. Il faut préciser aussi que l'*Atomic Energy Act* de 1954 enlève du même coup à l'AEC son monopole dans le domaine nucléaire, pour le céder largement au secteur privé, qui est alors chargé du développement industriel de l'énergie nucléaire. Dans ce cadre, les entreprises américaines s'avèrent extrêmement frileuses face à des perspectives de dégâts aussi étendus pouvant résulter de défaillances dans les centrales nucléaires.

Comment se fait-il qu'avec des projections aussi inquiétantes, les industriels aient tout de même accepté de porter la nucléarisation?

Pour remédier à la réticence des industriels, les États-Unis promulguent rapidement une loi: le *Price-Anderson Act* (1957), qui cadre la question des responsabilités. C'est à ce moment-là qu'émerge l'idée selon laquelle la responsabilité des industriels doit être *à la fois exclusive et limitée*. «Exclusive», au sens où c'est bien l'exploitant, c'est-à-dire l'industriel, qui est seul responsable des fautes commises en cas d'accident et des éventuels dégâts qui pourraient en résulter. Cela signifie que tous ceux qui seront engagés dans la construction des installations, dans leur maintenance, mais aussi dans les activités de transports, par exemple, vont du même coup être *exclus* de cette responsabilité. C'est une façon d'aller au plus vite, de concentrer les questions de responsabilité sur un acteur unique, afin de ne pas créer de désaccords entre les multiples industriels engagés dans le processus de nucléarisation. Toutefois cette responsabilité, exclusivement centrée sur l'exploitant, est en même temps «limitée» sur le plan financier, puisque le *Price-Anderson Act* plafonne la responsabilité civile des industriels nucléaires à 60 millions de dollars. Cette limitation est évidemment très avantageuse pour l'industrie. Au-delà de ces 60 millions de dollars, il est aussi question d'engager la responsabilité de l'État, pour un montant d'environ 500 millions de dollars. On arrive ainsi à un total de 560 millions de dollars, chiffre bien inférieur aux estimations de 7 milliards de dollars des dommages envisagés par le rapport de Brookhaven. Il y a donc dès le départ deux forts déséquilibres: la responsabilité des industriels est minime par rapport à celle de l'État, et l'enveloppe globale prévue est dérisoire par rapport au montant estimé des dommages. Les experts reconnaissent quand même, dans une certaine mesure, qu'il est nécessaire d'encadrer l'activité industrielle, à la fois pour des questions d'acceptation par l'opinion publique et parce que l'industrie n'aurait pas été d'accord pour assumer une responsabilité illimitée. Les compagnies d'assurances, en particulier, n'auraient jamais admis l'idée d'aller au-delà d'un certain plafond. Le plafond retenu correspond d'ailleurs aux valeurs maximales acceptées par les compagnies d'assurances américaines à l'époque. Ce cadre constitue à plusieurs titres un compromis: il énonce clairement l'existence d'une responsabilité de l'exploitant. Mais d'un autre côté, cet exploitant n'est pas entièrement responsable, contrairement à ce que l'expression «responsabilité exclusive» pourrait laisser penser.

Outre les aspects financiers, la responsabilité industrielle telle qu'elle est conçue dans le *Price-Anderson Act* de 1957 a également la caractéristique d'être *limitée dans le temps*: les victimes sont tenues de demander des dédommagements dans les dix années suivant l'accident. Au-delà de ce délai, aucun dédommagement n'est possible, sauf pour certaines maladies latentes. Enfin, en plus des dimensions financières et temporelles, il y a aussi une limitation en termes de dommages : la loi américaine et toutes les conventions internationales qui ont suivi ne concernent que les dommages corporels et les dommages aux biens. Les dommages à l'environnement, qui sont pourtant très importants, ne sont, à l'heure actuelle, pas pris en compte.

Quelles sont les lois actuellement en vigueur en France et en Europe ? Quelles sont les sommes provisionnées en cas d'accident nucléaire et par qui le sont-elles ?

Le cadre de pensée élaboré aux États-Unis influence directement la façon dont le problème est pris en charge en Europe et au niveau international. Trois ans après le *Price-Anderson Act* de 1957, la *Convention de Paris* (1960)[1] s'appuie, elle aussi, sur un principe de responsabilité limitée, en la plafonnant à une somme d'environ 18 millions d'euros, sans définir de plafond chiffré pour la responsabilité des États. Cette partie du problème sera traitée lors de la *Convention de Bruxelles* (1963)[2], qui établit la responsabilité des États à environ 210 millions d'euros. Cette même convention énonce également une troisième responsabilité, celle des « parties contractantes », autrement dit des pays signataires, qui sont tenus de contribuer à une caisse commune. Tous les pays n'y contribuent pas de façon équivalente, puisque le montant qu'ils versent dépend de leur

1. « Convention sur la responsabilité civile dans le domaine de l'énergie nucléaire (Convention de Paris) du 29 juillet 1960 amendée le 28 janvier 1964 et le 16 novembre 1982 », Agence de l'OCDE pour l'énergie nucléaire (AEN).

2. « Convention du 31 janvier 1963 complémentaire à la Convention de Paris du 29 juillet 1960, amendée par le Protocole additionnel du 28 janvier 1964 et par le Protocole du 16 novembre 1982 », Agence de l'OCDE pour l'énergie nucléaire (AEN).

produit national brut et de la puissance nucléaire installée sur leur territoire. Il faut savoir aussi que les conventions de Paris et Bruxelles ne regroupent qu'une partie des pays d'Europe de l'Est. Une autre convention existe, celle de Vienne (1963), ces dispositifs menant leur vie de façon parallèle, presque concurrentielle[1].

Dans la lignée des conventions de Paris et Bruxelles, la France a élaboré en 1968 sa propre *Loi nationale relative à la responsabilité civile dans le domaine de l'énergie nucléaire*[2], qui s'appuie sur la *Convention de Paris*, mais en adapte certains aspects. La Cour des comptes, qui a publié un rapport sur le coût de la filière nucléaire française en 2012[3], précise les responsabilités civiles telles qu'elles s'appliquent en France dans le cadre de ce texte : « Le montant maximum de la responsabilité de l'exploitant est porté à 91,5 M€ par accident survenant sur une installation nucléaire [...] Au-delà de ce montant à la charge de l'exploitant, l'État prend en charge les indemnisations restant dues aux victimes dans les conditions et limites prévues par la convention complémentaire de Bruxelles, à savoir dans un plafond de 345 M€. » Ainsi, pour résumer, selon la loi française de 1968, modifiée en 1990, la responsabilité limitée de l'exploitant correspond à une garantie d'environ

1. « La France craint qu'EDF (dont la responsabilité est fixée à 91 millions d'euros) puisse être amenée à payer plus aux citoyens roumains ou slovaques, en cas d'un accident grave survenu en France et contaminant les territoires de ces pays, que ce que les industries nucléaires de ces pays (dont la responsabilité civile est fixée à 49 millions d'euros en Bulgarie et à 75 millions d'euros en Slovaquie) auraient à payer pour les populations du territoire français affectées par un accident survenu dans l'un d'eux », *in* Sezin Topçu, « Organiser l'irresponsabilité ? La gestion (inter)nationale des dégâts d'un accident nucléaire comme régime discursif », *Écologie et politique* n° 49, p. 95-114.

2. Loi n° 68-943 du 30 octobre 1968 relative à la responsabilité civile dans le domaine de l'énergie nucléaire.

3. « Les coûts de la filière électronucléaire », *op. cit.*

91,5 millions d'euros[1]. Ce plafond concerne tous les exploitants et s'applique à l'ensemble de leurs installations. Toujours selon cette loi, l'État français est tenu de compléter, si nécessaire, le financement, en y ajoutant 110 millions d'euros, pour atteindre un sous-total de 200 millions d'euros. En cas d'accident, un financement de 145 millions d'euros serait également versé par les pays signataires de la convention de Bruxelles. Le montant total des responsabilités couvertes par l'ensemble de ces trois niveaux (exploitant, État, conventions) s'élève donc à 345 millions d'euros.

Quelles sont les estimations retenues par les autorités pour le coût d'un accident nucléaire en France ? Comment a-t-il été calculé ?

Pour l'évaluation des coûts d'un accident nucléaire, la Cour des comptes retient un coût d'accident situé autour de 70 milliards d'euros, en s'appuyant sur un rapport de l'IRSN datant de 2007[2]. Mais le rapport en question présente aussi d'autres projections, parmi lesquelles la somme maximale envisagée, dite « majorante », s'élève à 5 800 milliards d'euros[3]. Pour l'accident dit « majeur », le scénario de l'IRSN met

---

1. « Le montant maximum de la responsabilité de l'exploitant est fixé à 91 469 410,34 euros pour un même accident nucléaire », Loi n° 68-943 du 30 octobre 1968 relative à la responsabilité civile dans le domaine de l'énergie nucléaire. Par ailleurs, « en cas de défaillance, l'État se porte subsidiairement garant pour la réparation des dommages sur la totalité de la somme de 91 millions d'euros », dit le rapport de la Cour des comptes de 2012, p. 245.

2. « C'est pourquoi, dans les calculs qui suivent, le coût d'un sinistre nucléaire de 70 Md€, reposant sur les recherches exploratoires menées par l'IRSN, a été retenu », Rapport de la Cour des comptes de 2012, p. 258.

3. Le chiffre de 5 800 milliards a fait l'objet d'une médiatisation par *Le Journal du dimanche* (Matthieu Pechberty, « Le scénario noir du nucléaire », in *Le Journal du dimanche*, 10 mars 2013), car il a fuité alors que le rapport n'était pas public. Il a été tout de suite relativisé par les autorités qui ont expliqué que c'était leur chiffre le plus improbable, le plus extrême, dans les hypothèses météorologiques les plus défavorables, mais qu'en réalité la fourchette à considérer avait plutôt une valeur médiane de 430 milliards d'euros.

en avant le chiffre de 430 milliards d'euros. Pour les accidents « graves », l'estimation descend à 120 milliards. Dans tous les cas, comme tu le vois, on est loin du coût légalement encadré de 345 millions d'euros. Par ailleurs, pour l'accident majeur qui est chiffré à 430 milliards d'euros, le scénario est établi sur la base d'une défaillance survenue dans un réacteur unique et pour une unité d'une puissance de 900 MW, comme l'un de ceux de Dampierre. Certains réacteurs sont plus puissants et plusieurs unités pourraient être touchées en même temps, comme on l'a vu à Fukushima, mais tout cela n'est pas chiffré. L'Institut a par ailleurs considéré qu'on aurait affaire à une fusion de cœur occasionnant le relâchement d'un tiers de l'inventaire des radioéléments, autrement dit qu'il y aurait un tiers d'éléments fissiles « non confinés ». Cette portion pourrait certes être moindre, mais aussi beaucoup plus élevée. Le cas d'un accident à la Hague n'est pas étudié, ni la contamination des zones urbaines. Tout cela fait beaucoup de limites et d'hypothèses qui tendent à donner des résultats sous-évalués[1]. Malgré cela, les prévisions de dommage présentées par les experts se chiffrent en centaines et en milliers de milliards d'euros, avec un nombre de victimes considérables.

Que prévoient les autorités françaises sur le plan sanitaire ?

Les experts de l'IRSN estiment qu'un accident majeur « de base » aurait pour conséquence la contamination forte du territoire sur un rayon de 92 kilomètres, nécessitant théoriquement l'évacuation

1. « Autrement dit, ces coûts immenses sont très sous-évalués dans les cas les plus défavorables et donc sous-évalués en moyenne, un point qu'il conviendrait d'approfondir », Rapport IRSN 2007, DSR n° 157 Annexes, p. 48.

d'environ 2,5 millions de personnes et impliquant la contamination de 9 % du territoire national, avec des cas de cancer se comptant par dizaines de milliers. Mais l'Institut précise bien que ces analyses, qui se situent dans une perspective « optimale » du point de vue de la radioprotection, seraient impossibles à mettre en œuvre concrètement dans les délais impartis, si une telle situation accidentelle se présentait vraiment. Que se passerait-il alors ? Il faudrait certainement retenir un autre scénario, en quelque sorte « réaliste », dans lequel on n'évacuerait la population que dans un rayon réduit de 10 kilomètres. Les experts reconnaissent explicitement qu'il faudrait théoriquement évacuer au-delà de ce rayon, mais ils considèrent aussi que pour des raisons matérielles, cela sera très certainement impossible à organiser[1]. Le fait d'évacuer dans un rayon réduit de 10 kilomètres impliquera, calculent-ils, un surcoût sanitaire estimé à environ 10 000 cas de cancer supplémentaires, qui toucheraient des personnes situées dans la zone contaminée, dont l'évacuation n'aurait pas pu être réalisée de façon « optimale ». Le prévisionnel de cancers supplémentaires s'élève ainsi à 9 998 « cancers mortels » et 7 460 « autres cancers », pour un surcoût sanitaire global de 9,7 milliards d'euros.

Tableau A4.3.6 : Sous-optimalité des mesures d'urgence

	nombre	M€
Cancers mortels	9998	8998
Autres cancers	7460	671

« À ces nombres, il faut ajouter les cancers dus à l'impossibilité d'appliquer les mesures d'urgence "optimales" », IRSN 2007, DSR n° 157, Annexes p. 41.

1. « Des mesures d'une telle ampleur sont irréalisables, d'autant plus que les rejets surviennent brutalement et sont entièrement

Toutefois, précise l'IRSN, il faut aussi tenir compte du fait que cette «sous-optimalité» permet de réaliser des économies sur les coûts d'évacuation[1]. Le rapport aborde ensuite les coûts économiques, les coûts d'image, les coûts d'impact sur l'opinion publique internationale, etc. On constate en le lisant qu'un accident nucléaire majeur serait de toute façon une catastrophe nationale, voire européenne, même pour un scénario dit «de base». L'Institut précise enfin que des conditions météorologiques défavorables pourraient entraîner des conséquences plus lourdes, multipliant les coûts de l'accident jusqu'à atteindre la fameuse somme de 5 800 milliards d'euros. Les retombées environnementales seraient elles aussi démultipliées, conduisant à la nécessité théorique d'évacuer une proportion non négligeable du territoire national, avec un nombre de victimes de l'ordre de 95 millions de personnes, qui dépasserait la population française pour concerner des populations voisines dans toute l'Europe. Évidemment, l'écart entre le cadre prévu pour les compensations et les sommes qui pourraient réellement s'avérer nécessaires en cas de catastrophe nucléaire est immense. Tout cela est extrêmement préoccupant et angoissant – l'IRSN et la Cour des comptes le reconnaissent d'ailleurs assez explicitement[2].

---

effectués en 2 heures», *ibid.*, p. 39.

1. « Le surcoût lié à l'impossibilité de mettre en œuvre les mesures d'urgence "optimales" (selon les normes radiologiques) est d'ici environ 7 milliards d'euros = + 9 milliards de coûts sanitaires – 2 milliards économisés sur les évacuations» (*ibid.*, p. 40). On atteint certainement ici, en soustrayant des frais d'évacuation à des cancers supplémentaires, les limites conceptuelles d'une comptabilité accidentelle.

2. «De toute évidence, les plafonds en vigueur sont très insuffisants et ne permettent pas de couvrir les dommages d'un accident, même d'ampleur limitée». Rapport de la Cour des comptes de 2012, p. 254.

Penses-tu qu'une catastrophe nucléaire en France pourrait entraîner une faillite de l'État?

Le rapport de 2007 a été commandé à un expert de l'IRSN qui est un ex-économiste de la Banque mondiale. Sur cette question, l'étude utilise une formule assez saisissante: «La victime de l'accident, c'est l'économie française[1].» L'étude ne va pas jusqu'à dire que l'État pourrait faire faillite, mais le risque est suggéré à plusieurs moments au cours de l'analyse, surtout dans le cas des scenarii majorants.

* * *

Quand on voit comment s'est développé le dispositif de responsabilité qui encadre les activités industrielles nucléaires, il est manifeste qu'il n'a pas eu pour objectif la protection des populations, mais bien celle de l'industrie et de ses profits: le danger nucléaire, que les promoteurs de l'atome s'entêtent à désigner comme un risque, n'est tout simplement pas «couvert» – au sens assurantiel du terme. Ce risque a en effet été construit de telle sorte que les industriels et les États l'ont d'un commun accord ramené à une valeur insignifiante. De ce fait, nous pouvons considérer que tous les *discours rassurants* tenus par les promoteurs de l'atome sont inutiles, ce qui implique de renoncer définitivement à l'idée que des entités supérieures se préoccuperaient de notre sort et assumeraient notre bien-être. Sur la question du nucléaire, si l'on peut sans crainte refuser d'entrer dans des discussions dont les présupposés sont probabilistes, on peut donc aussi se dispenser de tous les raisonnements impliquant l'idée d'une réconfortante protection de l'État. L'État a souhaité, pour

1. Rapport IRSN 2007, DSR n° 157, Annexes, p. 64-65 : « C'est l'économie française dans son ensemble qui sera la réelle victime. »

des raisons essentiellement militaires, développer l'industrie nucléaire et il l'a fait indépendamment des menaces que cela faisait peser sur nous. Toute l'histoire du volet assurantiel des activités nucléaires en témoigne.

Sur la question précise du coût de l'accident, un certain nombre d'hypothèses farfelues et minorantes retenues par les experts font que les rapports arrivent à des résultats d'une totale disparité. En somme, l'accident majeur coûterait entre zéro et plusieurs milliers de milliards de dollars. De quel genre de scientificité jouit donc ce résultat? Le « chiffrage », tel qu'il apparaît ici, n'est au fond qu'un aléa du probabilisme, l'un de ses vecteurs. L'histoire des estimations du coût de l'accident majeur et de leur inscription dans la loi démontre surtout l'immense étendue de l'*irresponsabilité*, non seulement des exploitants, mais aussi des États. Pour que celle-ci n'apparaisse pas au grand jour, une des astuces utilisées par les nucléaristes consiste à jouer à Docteur Jekyll et Mister Hyde. En France, en particulier, la distinction entre État et exploitant étant largement fictive, les chaises sont tournantes et on peut placer à la tête du gouvernement un ancien responsable de communication d'Areva.

L'État est théoriquement tenu de faire face aux coûts d'une crise nucléaire, comme le rappelle la Cour des comptes dans son rapport : « En tout état de cause, l'État reste *in fine* le garant ultime de la prise en charge du coût des réparations d'un dommage nucléaire. » Cette formulation sert à affirmer un partage clair des responsabilités entre l'État et l'exploitant, mais c'est surtout afin d'en dispenser les industriels ! Elle ne permet pas de penser qu'*in fine* les personnes touchées par un accident nucléaire obtiendront une quelconque protection, ni que les aides, si elles étaient effectivement versées aux victimes, seraient en relation avec leurs besoins réels. Un accident nucléaire est certes quelque chose d'horrifiant, mais il faut bien comprendre que ce qui lui fait suite n'est pas plus réjouissant. En effet, les États et les industriels ayant organisé leur irresponsabilité financière, la majeure partie du coût des catastrophes incombe directement aux populations des pays contaminés, qu'elles « payent » parfois de leur vie. Lorsqu'il advient, les habitants contribuent, certes involontairement mais massivement, au financement des coûts de cet accident, par le biais d'évacuation non organisées, de maladies non reconnues, de biens perdus non indemnisés, d'obligation de relogement non honorée, d'actes médicaux non remboursés, de déplacements forcés non financés, bref, par tout un ensemble de compensations auxquelles ils pourraient légitimement prétendre qui leur sont en quelque sorte « non versées » par l'État nucléaire. À cela, il faut encore ajouter la participation des mêmes habitants à la prise en charge de l'accident par les autorités publiques. Combien de millions d'euros ont-ils été dépensés en communication pour tenter d'éviter le naufrage de l'industrie nucléaire mondiale après Fukushima ? Combien de milliards d'euros d'argent public injectés dans les comptabilités poreuses des entreprises électriques ? L'observation de la Cour des comptes, dans son rapport de 2012, censée contredire l'idée selon laquelle l'État serait irresponsable, prouve en réalité tout l'inverse : « Cependant, il ne faudrait pas conclure de cette situation que le dispositif de responsabilité civile est inutile et que l'ensemble des charges reviennent à la société : il existe bien une différence entre les coûts et responsabilités à la charge de l'exploitant, qui sont *in fine* payés par le consommateur d'électricité, et les coûts qui seraient à la charge de l'État, donc du contribuable. » Pour résumer, les habitants d'un pays où a lieu une catastrophe nucléaire financent de trois manières au moins, et pendant des décennies, les aléas de l'aventure atomique : par leur souffrance, d'abord, en assumant une part importante des frais liés à des maladies, à des déplacements, qui devraient être pris en charge par les autorités et ne le sont pas ; par leur consommation électrique, ensuite, les entreprises étant alors autorisées à revoir leurs tarifs à la hausse ; par les taxes et les impôts enfin, qui servent à financer des mesures qui sont souvent motivées par le souhait de « sauver » l'industrie nucléaire plutôt que la vie des habitants.

Les opérations odieuses qui consistent à chiffrer des prévisionnels de cancers, à les mettre en balance avec des frais d'évacuation, pourraient éventuellement avoir une utilité si elles servaient par exemple à prendre conscience du danger, à le décrire, et par conséquent à nous organiser pour tenter d'y faire face ou d'y échapper. Mais cela n'est pas le cas et on peut légitimement refuser d'entrer dans des logiques d'estimations, surtout lorsqu'elles sont à ce point *fausses*. Pour ne prendre qu'un exemple : comment un important rapport de l'IRSN, censé apporter un éclairage d'intérêt public sur différents scenarii d'accidents, a-t-il pu sérieusement faire l'hypothèse globale que le nuage radioactif ne toucherait aucune zone urbaine ? Après le panache radioactif qui s'était arrêté aux frontières en 1986, verra-t-on bientôt les promoteurs de l'atome expliquer que le nuage radioactif a poliment slalomé entre les villes françaises et européennes afin d'éviter les zones trop densément peuplées ? Cela n'est pas sérieux. À vrai dire, l'hypothèse m'a semblé tellement invraisemblable – et invalidante pour l'ensemble des résultats du rapport – que j'ai vérifié. Effectivement, il est bien stipulé à la page 48 : « Les coûts qui précèdent sont immenses. Mais ils ne prennent en compte que les zones rurales. Si par malheur le panache radioactif venait à frapper durement une zone urbaine, les surfaces ne seraient pas modifiées mais le nombre de victimes affectées serait beaucoup plus grand. » Les experts ajoutent à ce constat une intéressante précision, preuve qu'ils ont bel et bien travaillé sur des scenarii touchant des zones urbaines : « Dans l'une des 144 séquences calculées par le code (et tirée au hasard pour en faire la carte), toute la région parisienne est contaminée au-delà de 40 Ci/km^2... » Les trois points qui suspendent cette observation pèsent leur poids de silence. Dans le fil d'une littérature experte, essentiellement faite d'une accumulation de constats et de tableaux, ces points interrompent brusquement le discours mécanique et résonnent comme un aveu. Pour ne pas menacer le business nucléaire, certaines hypothèses ne doivent pas être envisagées. Il serait pourtant intéressant d'en savoir un peu plus sur ce résultat, car si on se réfère aux zones définies pour Tchernobyl, une valeur située « au-delà de 40 Ci/km^2 » correspond au niveau « le plus élevé » de contamination au Césium-137[1].

Avec une telle dose de Césium-137 de plus de 40 curies par kilomètre carré, telle que l'a calculée l'Institut, « toute la région parisienne » se trouverait donc gravement contaminée, une telle situation impliquant par exemple le déplacement et le relogement de millions d'habitants. Mais, coupent court les experts, cela n'a pas été étudié dans le rapport. La carte en question, dont ils nous confirment l'existence, n'est

---

1. Les territoires contaminés au-delà de 40 curies par kilomètre carré appartiennent à la zone « confisquée » ou « fermée » (zone interdite) de Tchernobyl, telle qu'elle apparaît par exemple dans les manuels de statistique publiés par la direction de l'analyse de la CIA. « Handbook of International Economic Statistics », édition 1996, p. 177.

donc pas publiée. On ne sait pas quelle installation nucléaire est à l'origine d'un scénario de contamination aussi étendue, ni selon quelles hypothèses une telle « séquence » a été générée. L'Institut annonce simplement, si l'on tente de traduire ses chiffres en information : *d'après le code, l'anéantissement de la région parisienne est possible.*

Pour comprendre ce qu'implique un tel énoncé, il faut dire un mot sur ce fameux « code ». L'une des activités de l'IRSN consiste en effet à produire des « outils de calcul », autrement dit, des logiciels. Si les noms de ses programmes informatiques se veulent poétiques (Prométhée, Sunset, Icare-Cathare, Isis, Sylvia, Tonus, Symbiose, Eden, Œdipe, ou encore Mélodie), leurs fonctions le sont beaucoup moins, puisqu'ils servent à analyser les fameux risques, à simuler des accidents de fusion de cœur, des incendies, à évaluer l'impact d'une contamination sur le corps humain ou les effets d'un stockage profond sur la géosphère. En l'occurrence, le « code » utilisé par l'IRSN dans son rapport 2007 est le logiciel *Cosyma* qui tourne sur PC depuis les années 1990 et dont le nom est une abréviation de « Code System from Maria », Maria signifiant ici « Methods for Assessing the Radiological Impact of Accidents ». Cosyma, alias « le code », sert essentiellement à calculer des « conséquences radiologiques ». Pour des besoins cartographiques, nous disent les experts, l'Institut a donc procédé à une sélection aléatoire parmi 144 cas de figure générés par Cosyma. Manque de chance, les savants sont alors tombés sur une simulation qui impliquait l'anéantissement de la région parisienne et de ses habitants. Puisque Cosyma calcule des conséquences radiologiques, il a certainement été en mesure de fournir des résultas intéressant le public. Quels sont-ils ? Combien de dizaines de centaines de milliers de *cancers supplémentaires liés à la sous-optimalité des mesures d'urgence* ? Combien de millions d'euros économisés sur les évacuations non réalisées ? D'après le code, *l'anéantissement de la région parisienne est possible* : cela pourrait éventuellement être une information si nous en savions un peu plus, si nous pouvions exercer à notre manière des facultés d'analyse sur ces données, nous documenter, en discuter entre nous, décider quoi faire. Tant que ces informations, largement financées par l'argent public, sont tenues au secret dans l'enceinte des bureaux et des calculateurs de l'IRSN, nous sommes priés de nous en tenir au constat que tous les scenarii envisagés dans ce rapport font l'hypothèse d'un nuage radioactif qui ne touchera aucune zone urbaine. Étrange science, en vérité.

***

L'argument, parfois avancé, selon lequel certaines données doivent rester secrètes pour ne pas « donner d'idées aux terroristes » ne peut en aucun cas justifier la non-publication d'une telle carte, pas plus qu'elle n'explique par exemple l'absence chronique d'information sur les scenarii d'accidents à la Hague. En réalité, et depuis plusieurs années, tout le monde sait parfaitement que l'on peut anéantir l'Europe en tirant au lance-roquettes dans les murs ou le toit de la piscine de la Hague[1]. S'il se trouvait des gens prêts à faire une telle chose, ils n'auraient pas besoin des

1. « Que se passerait-il si un terroriste posté à l'extérieur armait un lance-roquettes et tirait sur les piscines ? "Nous ne souhaitons pas répondre à cette question", nous dit le porte-parole du Secrétariat général de la défense et de la sécurité nationale (SGDSN), l'organisme d'État dépendant du Premier ministre responsable de la sécurité de la Hague. Pourquoi ? Parce que nous ne voulons pas donner d'idées aux terroristes. » Source : Geoffrey Le Guilcher, « La Hague : secrets et mensonges d'une usine nucléaire française », in *Les Inrockuptibles*, 4 octobre 2011.

calculs de l'IRSN pour y parvenir. D'autre part, il faut bien admettre que toute information utile au public est aussi potentiellement utile aux terroristes. Les experts eux-mêmes, lorsqu'ils font le choix d'indiquer noir sur blanc qu'un accident nucléaire peut théoriquement entraîner une situation où «toute la région parisienne est contaminée au-delà de 40 Ci/km^2», mesurent-ils la portée de cette affirmation? En tout cas, présentée sous une forme aussi lacunaire, privée de son contexte, de sa représentation graphique, d'analyse des résultats, cette information qui n'en est pas une, cet énoncé suspendu, est proprement terrorisante. Le chiffrage, en tant qu'outil d'une entreprise de déréalisation du danger et de légitimation de l'irresponsabilité publique, donne ainsi à voir sa principale limite: les calculateurs chiffrent et analysent avant tout les données qui les arrangent, tout comme les personnes et les organismes qui établissent des «matrices de risques» choisissent à leur gré les seuils qui leur conviennent. Il s'agit de travailler à *produire des représentations*, en procédant comme pour la prise d'une image photographique. Le chiffrage choisit ainsi son cadrage, son angle, son éclairage, non pour fournir une explication, mais pour communiquer, autrement dit pour présenter la situation de la manière la plus favorable possible aux intérêts politiques et marchands de l'industrie nucléaire. Ici le cadrage consiste dans le fait que l'étude n'a pas analysé l'hypothèse d'une contamination touchant une zone urbaine. Notre expert-photographe regarde résolument *ailleurs* et l'objet qu'il est censé représenter n'est pas dans son cadre. Il peut bien choisir l'angle le plus astucieux, l'éclairage le plus subtil, son image n'en reste pas moins *vide*.

Les luttes qui s'efforcent de produire des représentations alternatives n'ont donc aucun intérêt à s'inscrire dans un tel cadre, qui est pourtant souvent la condition d'accès aux dispositifs médiatiques.

Parce qu'il enlise les militants dans d'interminables débats experts, chiffrages contre chiffrages, ce dispositif opère de façon comparable à des sables mouvants. Toute personne qui tente d'y articuler une pensée critique s'y retrouve, plus ou moins rapidement selon la vivacité avec laquelle elle se débat, engloutie. Il faut donc pouvoir s'en extraire, parler du nucléaire en dehors des autoroutes médiatiques, boycotter les plateaux «pro versus anti» et autres mises en scène dévouées aux sciences expertes. Bien sûr, les chiffres sont amusants et frappent l'esprit, comme peuvent le faire les images. Mais puisque toutes les données sont dans les mains du pouvoir nucléaire, ces chiffres n'ont d'autre signification que celle de notre impuissance à maîtriser leurs conditions de production. De cette façon, nos chiffres resteront toujours des contre-chiffres, et il sera facile aux dispositifs de les convertir en sous-chiffres. En acceptant de discuter sur la place de la virgule ou le nombre de zéros, sur la valeur de tel ou tel seuil, on valide trop souvent la logique générale que l'on cherche à réfuter, sans reconnaître l'industrie nucléaire pour ce qu'elle est : un exploitant. Nous restent alors les jeux, les mathématiques musicales ou les comparaisons absurdes, pour tenter de nous représenter ces sortes de choses. Car si les pronostics probabilistes sur les coûts d'accident sont largement biaisés, les plafonds financiers inscrits dans la loi sont, eux, bien réels. Ils nous racontent une histoire.

Imaginez que vous croisiez un patron d'EDF, souriant comme toujours, et qu'il vous invite au resto. Pourquoi pas ? Au moment de payer l'addition, votre convive vous informe que sa responsabilité pour la participation au repas est plafonnée à un montant légal qui correspond à 0,02 % de la note. C'est vous qui payez donc le total et il y en a pour 100 euros.

Grand seigneur, votre hôte pose sur la table une petite pièce brillante : deux centimes. Telle est la mesure de *l'engagement* d'EDF à nos côtés.

* * *

Arithmétique de l'accident nucléaire (Tango)

Problème n° 1 : irresponsabilité financière de l'exploitant

Sachant que le coût de base d'un accident nucléaire majeur est estimé à 430 milliards d'euros ; sachant que la loi limite la responsabilité financière de l'exploitant à environ 91 millions d'euros. Question : quelle sera la proportion du coût de l'accident nucléaire majeur prise en charge par l'exploitant ?

Solution

(91 000 000 / 430 000 000 000)×100 = 0,02 %.

La responsabilité de l'exploitant (EDF, Areva ou le CEA, selon les installations) est limitée à 0,02 % du coût de base de l'accident majeur, soit 1/5 000ᵉ du coût de cet accident.

Arithmétique de l'accident nucléaire
Chiffrage d'un vortex budgétaire
L'électricité coûte bien cher
En kilowattheures par cancer

Problème n° 2 : valorisation d'un cancer mortel

Sachant que la valeur d'un décès statistique est en moyenne de 2,5 millions d'euros ; sachant que le nombre moyen d'années perdues lors d'un décès est de 44 ans ; sachant que le nombre moyen d'années perdues lors d'un décès par cancer mortel dû aux rayonnements ionisants est de 16 ans. Question : quelle est la valeur d'un cancer mortel provoqué par un accident nucléaire ?

Solution

16/44 = 0,3636 et 2 500 000 × 0,3636 = 909 000
La valeur d'un cancer mortel provoqué par un accident nucléaire est de 909 000 euros.

Arithmétique de l'accident nucléaire
Chiffrage d'un vortex budgétaire
L'électricité coûte bien cher
En kilowattheures par cancer

Problème n° 3 : étude de variabilité

Sachant que le chiffre de 430 milliards est globalement sous-estimé pour les raisons suivantes : le scénario d'accident majeur simultané sur plusieurs réacteurs d'une même centrale n'est pas envisagé ; le scénario d'accident majeur sur un réacteur d'une puissance supérieure à 900 MW n'est pas envisagé ; l'impact environnemental sur les cours d'eau, nappes phréatiques, zones forestières, etc., n'est pas pris en compte ; le scénario d'accident majorant sur une installation spécifique comme la Hague n'est pas envisagé ; le scénario dans lequel le panache radioactif atteindrait une zone urbaine n'est pas envisagé. Questions : quel serait selon vous le coût réel d'un accident nucléaire majeur provoqué par l'inondation des 4 réacteurs du Blayais, situés à 45 kilomètres de Bordeaux ? Quel serait le coût réel d'un accident nucléaire majeur sur l'un des réacteurs 1300 MW de Nogent-sur-Seine, situé à 50 kilomètres de Troyes et 110 kilomètres de Paris ? Quel serait le coût réel d'un accident nucléaire majeur à la centrale du Bugey, située à 35 kilomètres de Lyon et 110 kilomètres de Genève ?

Arithmétique de l'accident nucléaire
Chiffrage d'un vortex budgétaire
L'électricité coûte bien cher
En kilowattheures par cancer

Dernier problème, pour les littéraires : vous traiterez l'un des sujets suivants, au choix

Sujet 1 : selon vous, peut-on tout chiffrer ?

Sujet 2 : citez le nom de 8 centrales nucléaires françaises et situez-les sur une carte.

Sujet 3 : commentez cette phrase des annexes au rapport 2007 de l'IRSN (p. 36) : « Les morts seront en général différées et le lien de cause à effet sera difficile à démontrer. »

Sujet 4 : que vous inspire l'usage du mot « parc » positionné à côté du mot « nucléaire » ?

Sujet 5 : selon vous, le fait de ne pas penser à un accident peut-il l'empêcher d'advenir ?

Mediapart, 13 mars 2014

Troisième partie :
RÉCITS RADIOACTIFS

Pour tourner le dos aux logiques expertes et au probabilisme qui sert de science à l'État nucléaire, afin de ne pas ajouter de chiffres aux chiffres, il nous faut résolument porter la discussion sur le terrain des lettres, en même temps que sur celui des luttes. Voici quelques récits aux multiples subjectivités qui évoquent mes rencontres avec l'État nucléaire, son silence, et la façon dont j'ai pris conscience qu'il me faudrait, autant que possible, lutter contre lui.

Le secret de Zoé[1]

À la fin de mon année de cinquième au collège, les enseignants se sont réunis pour statuer sur mon cas, jugé problématique, pour des raisons que j'avais du mal à m'expliquer. J'étais première de ma classe et il me semblait que cela aurait théoriquement dû suffire à m'assurer une certaine tranquillité, pourtant quelque chose clochait, sans que je sache exactement quoi. Après m'avoir harcelée de longs mois pour que je fasse du latin sans obtenir ma reddition, certains de mes enseignants ont trouvé à leur mystérieux problème une étrange solution : lors de la rentrée de quatrième, mon nom a été inscrit sur la liste dite de « russe première langue ». Cela m'a fait, je dois l'avouer, un effet assez étrange, puisque je n'avais jamais appris le russe et n'avais pas prévu de m'y atteler. J'ai supposé qu'il s'agissait d'une erreur, mais j'ai rapidement compris que la classe de russe constituait en réalité une modalité acceptée pour créer une classe de niveau sans le dire[2]. C'était donc, m'a-t-on fait comprendre, une sorte de *promotion*.

---

1. Tous les prénoms des récits radioactifs ont été changés.

2. Le fait de proposer le russe comme première langue vivante était une des spécificités de ce collège, que nous autres, anglophones majoritaires, regardions avec une curiosité mêlée de scepticisme. Bien entendu, cela tenait à des questions de sociologie : la filière impliquait un recrutement élargi hors du quartier, d'où il résultait une classe rassemblant des gens socialement privilégiés, qui nous apparaissaient comme forcément « étranges ».

Évidemment, comme je faisais de l'anglais et non du russe, cela compliquait quelque peu mon emploi du temps, ainsi que le travail de la dame chargée de le concevoir. Je suivais mes cours avec les autres élèves, mais quand ils allaient en russe, je partais en anglais avec une classe qui n'était pas la mienne. C'était un peu bizarre, mais cela fonctionnait. En revanche, je ne suis pas certaine que cela m'ait aidée à sortir d'une certaine disposition à l'isolement, qui profitait à mes résultats scolaires plus qu'à mes relations sociales.

C'est dans ce contexte que j'ai fait la connaissance d'une fille que j'appellerai Zoé. Elle était un peu comme moi : pas tout à fait normale, sans que personne ne sache trop pourquoi. J'aimais bien Zoé, parce qu'elle riait énormément et faisait beaucoup d'efforts pour voir le bon côté des choses. Elle avait des yeux sombres lumineux, malgré une certaine tristesse dans le regard. Je sentais qu'elle était d'un milieu social plus chic que le mien, mais elle ne me méprisait pas et je la trouvais amusante. En revanche, quand on lui demandait ce que faisait son père « comme métier », elle s'assombrissait d'un coup net et refusait obstinément de répondre. Pour essayer d'expliquer pourquoi elle restait silencieuse, j'avais émis l'idée plaisante que son paternel devait être *une sorte d'espion*. Cette version officielle semblait lui convenir – en tout cas elle ne la démentait pas.

Zoé aimait par-dessus tout la musique et particulièrement le piano. Ses parents avaient encouragé ses dispositions jusqu'à un certain point seulement, car bien jouer du piano quand on est une jeune fille rangée est une chose, y prendre un plaisir aussi manifestement éclatant en est une autre. Malheureusement pour elle, Zoé était depuis son plus jeune âge promise à des études *d'ingénieur*. Cette destination sociale avait eu pour elle une conséquence très concrète : ses parents avaient décrété qu'il n'y aurait pas de piano chez elle, de façon à ne pas la détourner de ses études, ni, accessoirement, déranger les voisins. Selon eux, le fait de pouvoir s'exercer le week-end dans leur maison de campagne était amplement suffisant. Les semaines de Zoé n'étaient donc, je m'en souviens car nous en parlions souvent, qu'un lent compte à rebours vers le vendredi soir, jour des retrouvailles avec son instrument. Je la voyais reprendre des couleurs au fur et à mesure que l'échéance se rapprochait. Il était manifeste qu'elle savourait profondément et intimement la musique, bien au-delà des attendus sociaux de son milieu.

De mon côté, j'étais issue d'une famille moins conservatrice que la sienne. Pour ce qui était de la musique, en particulier, j'avais eu plus de chance. Il y avait chez mes parents un petit piano droit noir laqué auquel j'aimais raconter ma vie lors d'interminables improvisations. La première fois que Zoé est venue à la maison, son visage s'est illuminé et elle s'est littéralement jetée sur lui. J'ai eu peur un instant, mais ces craintes ont été vite dissipées : le petit piano noir était ravi. Ce jour-là, en l'écoutant, mes parents, mon petit frère et moi étions restés pétrifiés. Jamais nous n'avions entendu le meuble sonore chanter dans la maison avec une telle puissance, je m'étais dit quelque chose comme : tiens, c'est ça, un piano ? Le prétexte des devoirs couvrant l'activité musicale clandestine, Zoé passait donc parfois à la maison pour jouer de la musique, du Chopin, du Liszt, du Brahms, et moi je l'écoutais. C'est comme ça que nous sommes devenues copines.

Un jour, dans la cour de récréation, alors que nous parlions de nos parents respectifs, je suis revenue à la charge pour tenter de découvrir son secret. Je lui ai promis que si elle me le dévoilait, je ne répéterais jamais rien à personne, sous aucun prétexte. C'était absolument vrai, je m'inquiétais beaucoup pour elle et je n'aurais rien dit à personne. Une fois de plus, elle a refusé de me répondre. Mais alors que d'ordinaire sa stratégie consistait à rester obstinément muette, presque fière de savoir tenir sa langue et de me faire ainsi enrager, cette fois son visage s'est défait et elle a fondu en larmes. Elle m'a expliqué entre deux sanglots qu'elle *aimerait vraiment beaucoup pouvoir me le dire, mais qu'elle n'avait pas le droit*. J'étais bouleversée, je n'avais pas du tout pensé à cela, jamais ! Pas le droit ? Mais pourquoi ? J'ai retenu mes mots : la réponse était dans la question. Si elle n'avait pas le droit de me le dire, elle n'avait certainement pas non plus le droit de me dire pourquoi elle n'avait pas le droit de me le dire. C'était donc vraiment *un secret*. Je lui ai dit que dans ce cas elle avait bien raison de ne rien dire du tout, ni à moi, ni à personne, que c'était certainement plus prudent ; qu'elle pourrait me raconter ça plus tard, un jour peut-être, quand elle aurait *le droit*. Puis je ne lui ai plus jamais posé de question et nous sommes restées amies.

* * *

Au début, Zoé venait souvent chez moi, mais jamais elle ne m'invitait chez elle. Cela me semblait assez logique, puisque je vivais à quelques mètres du collège alors qu'il fallait faire un long chemin pour aller jusque chez ses parents. Mais puisque nous faisions studieusement nos devoirs ensemble, que nous étions bonnes élèves, et que Zoé parlait parfois de moi à ses parents, ils ont fini par lui suggérer un jour de m'inviter. Au fil du temps, il est arrivé de plus en plus régulièrement que je passe des après-midi chez elle. Nous restions alors confinées dans sa chambre et, fort heureusement, jamais je ne croisais l'Espion.

Un soir, je suis restée dîner et j'ai fini par me

trouver assise à table face à ce fameux père, un peu comme si j'étais face à mon destin. Je n'en menais pas large, c'est sûr, mais j'étais prête. Il était assez chauve, le regard dur, avec une voix puissante. Il m'a fait l'effet d'une sorte de seigneur qui enchantait sa maisonnée, tout en la terrifiant. Il y avait quelque chose de joyeux dans son air qui aurait pu le rendre chaleureux, mais il avait aussi, selon mes critères, une fâcheuse tendance à considérer sa femme et sa fille comme étant à son service pour toutes sortes de choses matérielles. Ce comportement n'était pas quelque chose d'admis dans mon éducation qui, sans être follement libertaire, n'aurait pas jugé normal de donner autant d'ordres directs à sa famille. Je dois donc avouer que malgré mes bonnes dispositions, le père de Zoé m'a été immédiatement, et assez fortement, antipathique. Il m'a scrutée et j'ai bien senti que, moi non plus, je ne cochais pas toutes les cases requises pour être la bonne copine de classe. Du haut de mes 12 ou 13 ans, pour en finir, j'aurais volontiers tenté une approche directe en lui demandant par exemple : « Et vous, sinon, vous faites quoi dans la vie ? », mais je craignais de lourdes conséquences pour Zoé et notre amitié, et pour dire les choses honnêtement, j'avais le cœur qui battait à mille à l'heure, ma voix risquait de trembler. C'est alors qu'une photographie accrochée au mur, juste derrière lui, a achevé de me dissuader d'avoir recours à une stratégie frontale. Il s'agissait d'un petit portrait en couleurs, sous lequel étaient écrits son nom et l'intitulé d'un haut poste au « Commissariat à l'énergie atomique ». Je n'ai rien dit sur le moment, attendant de me retrouver dans un lieu où personne ne pourrait nous entendre, pour demander à Zoé ce qu'était ce *commissariat*, et si son père était ou non un policier. Soulagée que j'aie percé son secret sans qu'elle ait eu à enfreindre les ordres de silence, elle m'a expliqué que le CEA était une sorte de centre militaire où on s'occupe de faire des bombes atomiques. Ravie, j'ai constaté: «Mais alors, j'avais complètement raison! En fait, ton père, il est espion!» et ce soir-là, on a bien rigolé.

Zoé est restée ma meilleure amie pendant plusieurs années. Nous en avons peu parlé mais grâce à elle, j'ai appris que le nucléaire est par essence militaire et que le rapport de cette industrie au secret définit la nature même du régime politique dans lequel il nous oblige à vivre. Il s'agit d'un régime où certaines données sont classées secret-défense pour permettre d'en cacher bien d'autres, qui menacent nos vies tout autant que les bombes ou les centrales atomiques, et sont souvent le fait d'hommes qui affichent leur portrait gradé dans leur salon et donnent des ordres à celles et ceux qui les entourent. Depuis qu'un souverain militaire a imposé à la nation les gloires du rayonnement, la France vit, comme jadis Zoé, sous le régime douloureux d'un lourd *secret en chaîne*. C'est de ces chaînes, je crois, que j'ai tenté de me délester par la suite. Mais l'atome a plusieurs fois croisé mon chemin, et moi le sien.

La Datcha

J'étais parvenue jusqu'en terminale lorsqu'une enseignante d'histoire-géo nous a annoncé qu'un échange scolaire allait être organisé à la fin de l'année, avec un lycée de Saint-Pétersbourg. Cette nouvelle ne concernait que les rares élèves inscrits en russe, et comme ce n'était toujours pas mon cas, je n'y ai pas prêté grande attention. Une fois les comptes faits, il restait une place libre. Participer à cet échange impliquait de partir deux semaines en Russie juste avant les épreuves du bac : les candidats ne se sont pas bousculés et, en l'espace d'une seconde, pour avoir levé la main et saisi ma chance, mon nom a une nouvelle fois rejoint la liste des russophones. Je venais justement de lire *Crime et Châtiment* avec délices, j'avais seize ans et j'allais pouvoir découvrir Saint-Pétersbourg. Quelle aventure ! J'étais folle de joie. Mais d'abord, il fallait recevoir « les correspondants ». On m'a attribué une fille avec qui j'ai échangé quelques courriers en français et qui est arrivée un beau jour chez mes parents. Elle voulait faire des études de business et je crois qu'elle trouvait mes préoccupations poétiques complètement idiotes, de sorte qu'on avait d'abord eu du mal à discuter. Mais au fil des jours, les silences qui entrecoupaient nos échanges ont commencé à se faire moins pesants. Un soir, au détour de la conversation, elle m'a annoncé que son père était « spion ».

— Spion ?
— Oui, spion.
Elle a mis ses deux mains autour des yeux, comme pour mimer des lunettes ou des jumelles.
— Ah ! Espion ?
— Da, oui. Spion.
Elle ne plaisantait pas car de toute façon, elle plaisantait assez rarement. Quant à moi, mon cœur s'est arrêté de battre. Décidément ! Encore une fille d'espion ? J'avais bien fait de réserver ma place, l'aventure s'annonçait palpitante.
— Oui mais espion... Tu veux dire... Il espionne quoi, en fait ?
— Il est Spion de France.
Ah d'accord ! C'était parfait. Au moins, contrairement à Zoé, elle n'avait pas de consignes de secret. J'en ai conclu que son papa n'était pas espion dans le domaine nucléaire, ce qui était tout de même une bonne nouvelle. Et sans que je ne lui demande rien, elle a ajouté, pour que ce soit plus clair :
— Kaguébé.

* * *

J'avais du mal à évaluer l'importance de ces révélations et leur signification précise, mais par mesure de précaution, je n'ai pas jugé utile d'éventer tout de suite l'information auprès de ma famille ou de mes camarades de classe, de façon à ne pas risquer de compromettre mon voyage et de pouvoir rêver un peu. C'est ainsi que juste avant mon bac, je suis partie passer deux semaines dans la famille d'un espion du KGB. Il s'appelait évidemment Igor et c'était un monsieur incroyable, avec qui je me suis tout de suite très bien entendue. Il travaillait pour un institut scientifique, sa mission consistant à traduire en russe des documents techniques qui étaient rédigés en français, que d'autres que lui s'étaient occupés de récupérer. Il n'avait jamais eu ni le droit ni les moyens de voyager, n'avait donc jamais mis un pied en France. En revanche, il avait de la culture française une connaissance extrêmement étendue, une véritable passion, qui le rendait pour moi surprenant. Ayant appris la langue en lisant des livres, Igor parlait littéralement *comme Balzac et Flaubert.* J'avais l'impression d'avoir face à moi un roman du dix-neuvième siècle, en chair et en os, qui me racontait des histoires. Il utilisait des mots français que je n'avais jamais entendus, des tournures complètement datées mais très précises, pour évoquer les choses les plus quotidiennes. Avec lui, j'ai beaucoup parlé de politique et de la Russie, où la situation était difficile. Énormément de gens travaillaient pour le KGB, en fait, j'avais eu tort de m'inquiéter. Comme de nombreux fonctionnaires, Igor attendait depuis des mois un salaire de son institut, qui ne venait pas. Dans les rues, je me rappelle que les files d'attente devant les magasins étaient immenses. L'annonce d'un arrivage de viande à la boucherie du quartier suffisait à vider un musée entier de toutes les personnes censées y garder les salles. Tout le monde se retrouvait dans la rue en bas en train d'attendre de quoi faire le dîner, tandis que les touristes erraient dans des palais délestés depuis longtemps des dernières pièces précieuses qui auraient pu leur être dérobées.

Un jour, Igor a annoncé – et apparemment c'était une bonne nouvelle – qu'on allait partir tous ensemble «voir la Datcha». Au bout d'une route qui m'a semblé assez longue, nous sommes finalement arrivés dans une sorte de petite maison en bois située au milieu d'une forêt, dont je me rappelle surtout le toit pointu. C'était autrefois un endroit où plusieurs familles et amis se retrouvaient, mais, depuis l'accident de Tchernobyl, qui avait eu lieu six ans auparavant, il était nettement moins fréquenté. Les résineux avaient concentré la radioactivité, le miel produit était devenu impropre à la consommation, bref, m'a expliqué Igor, on n'allait hélas pas pouvoir dormir ici, juste rester quelques heures, car l'endroit était particulièrement « contaminé ». J'ai regardé la petite maison en bois, qui, d'un coup, m'a paru bien sinistre. Il faisait gris. Ainsi, cet endroit avait pu être joyeux autrefois ? C'était vraiment difficile à imaginer. Encore aujourd'hui, si on me demandait dans quel endroit sur terre je n'aimerais jamais avoir à retourner, je répondrais sans hésiter : la Datcha.

Le crochet de Tarnac

« L'affaire de Tarnac fut d'abord une tentative forcenée, et à ce jour réussie, pour contenir aux frontières l'extension du mouvement antinucléaire allemand. »
Appel du comité anti-Castor de Tarnac (2011)

Affaire conclue

Lorsque je m'éveille, le 11 novembre 2008, mon compagnon Mimoso apparaît dans l'une des extrémités floues de mon champ de vision : « Il se passe un truc ! Pour les sabotages de la SNCF, tu sais, ils accusent les anarchistes d'être des terroristes ! Ils ont fait tout un cirque avec la télé et les hélicos ! Il faut que tu fasses un clip là-dessus ! »

À cette époque, je publie de façon indépendante mes premières chansons sous forme de vidéo, par l'entremise d'un petit blog. La Parisienne Libérée est une chanteuse de cabaret sur internet qui se moque de la presse et de la politique. Le studio a été vite installé : un drap noir sur la bibliothèque, un appareil photo basique qui permet de faire des vignettes animées, un ordinateur rudimentaire avec la version gratuite d'un logiciel d'enregistrement, pas de compression, pas de réverbération, un éclairage de salon, un play-back approximatif et un montage qui dure deux heures : le bonheur. Huit titres sont déjà parus et mon intérêt pour l'actualité va croissant. Mais à ce moment précis, dans les rêves où je me trouve, ces histoires d'intellos terroristes saboteurs de TGV me semblent aussi irréelles que tout le reste. Après avoir vaguement protesté contre l'enthousiasme imprudemment bruyant de mon compagnon, je me rendors sans plus de cérémonie. Peu après, lorsque je soulève à nouveau une paupière, Mimoso a changé de stratégie. Il s'assied délicatement à mon chevet, s'enquiert tendrement de la nuit que j'ai passée, puis propose de me lire le très intéressant article du journal *Le Monde*[1] qu'il tient par chance à la main — preuve s'il en est que sa revue de presse matinale était préméditée. *Fer à béton, nuit, ponts routiers, train ouvreur, pantographe, ultra-gauche, anarcho-autonome, sabotage, association de malfaiteurs, entreprise terroriste, mousquetonner, mouvance.* J'ai besoin d'un café. Plus tard, j'aperçois une vidéo dans laquelle Michèle Alliot-Marie serre la main du directeur de la SNCF, retenant péniblement un sourire triomphant. Sur le moment, cela me paraît très bizarre de la voir aussi heureuse : je n'arrive pas à cerner les causes exactes de son inhabituelle félicité. Qu'est-ce que c'est que cette affaire ? Je n'en sais rien, mais manifestement, elle est conclue.

« Affaire conclue » : la poignée de main.

Les jours suivants, j'écris une chansonnette — *Ultime Hyper Totale Gauche (UHT)* — dans laquelle je me moque des emballements de la presse et du côté shérif de la ministre de l'Intérieur. Au moment de filmer

1. Isabelle Mandraud, « Sabotages à la SNCF : le groupe d'"ultra gauche" suspecté était surveillé depuis plusieurs mois », 11 novembre 2008.

le clip, j'attrape une fièvre pas possible, avec plus de quarante. Mais je tourne quand même (c'est cela aussi le cabaret, quel que soit ton état, tu chantes !). Le clip est publié le 30 novembre et fait le tour du petit web de l'époque. Je reçois rapidement des messages de soutien politique : « Mes enfants font la chorégraphie depuis deux heures dans le salon ! » « Simon a chanté *UHT* hier à sa maîtresse, vous allez lui faire des problèmes ! » « Ma fille adore, elle a 5 ans et connaît toutes les paroles par cœur. » Ceci dit, quelques adultes ont dû l'écouter aussi car dans les mois qui suivent, la chanson passe sur France Inter et je vois apparaître sur le réseau des traductions en allemand, espagnol, italien, et même en grec. Dans les statistiques de mon blog, à la même période, figurent toutes sortes d'adresses du ministère de l'Intérieur. C'est le début de la gloire.

L'antinucléarisme est un anarchisme

> *« On nous a reproché diverses choses : d'avoir saboté des caténaires de TGV en opposition à un transport de déchets nucléaires, d'avoir organisé une émeute contre un sommet de l'immigration qui avait lieu à Vichy – la belle ville de Vichy – et, grosso modo, de constituer une sorte de conspiration internationale anarchiste et subversive. Et aussi d'avoir écrit un livre qui s'appelle* L'Insurrection qui vient. »
>
> *Mathieu Burnel, « Pas sage en Seine », juin 2015*

Je suis préoccupée. Presque trois semaines sont passées depuis le « coup de filet » et j'ai le sentiment assez net de n'avoir toujours rien compris à cette histoire. Qu'un gouvernement aussi fondamentalement policier que celui de Sarkozy lance une offensive à grand spectacle contre des militants anarchistes et que la presse le suive au galop dans son entreprise de communication, cela ne me surprend pas. La façon dont les choses sont présentées, en revanche, me laisse perplexe. La dépêche AFP relayée le matin des arrestations par la plupart des journaux cite une source «proche du dossier» qui explique ceci: «La SDAT[1], qui enquêtait sur cette mouvance "anarcho-autonome" depuis avril [...] s'interroge sur "d'éventuels liens avec l'ultra-gauche allemande, qui a déjà revendiqué des actions contre des trains transportant des déchets nucléaires"[2]». Et avec tout ça, les renseignements n'ont rien trouvé de mieux à faire – une première depuis la guerre d'Algérie – que de verser au dossier comme pièce à conviction un livre vendu à la *Fnac*? Eh bien, il doit être sacrément intéressant. Comme une multitude de gens à la même période, je fais donc une lecture de *L'Insurrection qui vient*. Est-ce qu'on y parle de déchets nucléaires? Non, pas vraiment. En tout cas, si, comme l'État les en accuse, les personnes arrêtées ont effectivement quelque chose à voir avec ce texte poétique et subversif, celles-ci ne sont certainement pas des militants antinucléaires au sens «écologiste[3]» du terme. Elles peuvent aussi être antinucléaires par pur anticapitalisme, me suggère Mimoso. Je m'aperçois que je n'ai pas suffisamment réfléchi à cette hypothèse. Pourtant, d'un point de vue théorique, si on

---

1. La SDAT, sous-direction antiterroriste, est un service de police judiciaire censé lutter contre le terrorisme.

2. *Le Monde* / AFP, «Sabotages à la SNCF: dix personnes en garde à vue», 11 novembre 2008.

3. «La masse ronde et gluante de leur culpabilité s'abat sur nos épaules fatiguées et voudrait nous pousser à cultiver notre jardin, à trier nos déchets, à composter bio les restes du festin macabre dans et pour lequel nous avons été pouponnés. Gérer la sortie du nucléaire, les excédents de CO2 dans l'atmosphère, la fonte des glaces, les ouragans, les épidémies, la surpopulation mondiale, l'érosion des sols, la disparition massive des espèces vivantes... voilà quel serait notre fardeau.» Comité invisible, *L'Insurrection qui vient*, La Fabrique, 2007, p. 63.

admet que l'industrie atomique est un sous-produit de l'État capitaliste, ce qui est indéniable, l'opposition au nucléaire peut tout à fait se *subsumer* sous l'anarchisme. Dès lors, pourquoi se contenter d'être écologiste et antinucléaire, quand on peut être anticapitaliste et anarchiste ? Cela mérite réflexion.

Les Castor roulent au diesel

Surtout ne pas parler des convois nucléaires
Sillonnant le pays dans un vent de poussières
Surtout ne pas parler des fameux trains Castor
Qui traversent la France dans un silence de mort[1]

Ce qui est sûr, c'est que la nuit des sabotages, un train Castor[2] a traversé la France. Il est parti de Valognes le 7 novembre 2008 à 17h45, est passé à Sotteville vers 22 heures, a été aperçu à 0h49 à Amiens, à 2h44 à Arras, à 5h47 à Charleville-Mezières, et à 8 heures à Morhange[3]. Ce convoi radioactif dangereux n'a pas été visé par les sabotages de caténaires et n'aurait pas pu l'être, pour une raison simple : « De toute façon, on ne pourrait pas mettre des crochets au Castor, sa locomotive est au diesel[4]. » Mais on n'en est pas là, pour le moment. À vrai dire, toute occupée que j'étais à faire danser les enfants en me moquant du ministère de l'Intérieur, le virage a été un peu

1. La Parisienne Libérée, « Tarnac et l'État nucléaire », *Mediapart*, 11 mars 2018. Sauf mention contraire, les citations poétiques de ce chapitre sont extraites de ce texte.

2. Train Castor. Le CASTOR (Cask for storage and transport of radioactive material) est un conteneur de transport et, par extension, un train de matières radioactives. On utilise ici ce mot pour désigner les convois ferroviaires de matières nucléaires qui reliaient l'usine de la Hague (Cotentin) au centre d'entreposage allemand de Gorleben (Basse-Saxe), en Allemagne. Le premier a circulé en 1996, il me semble, et le dernier retour de déchets vitrifiés de très haute activité à destination de l'Allemagne a eu lien en 2011 selon Sortir du nucléaire.

3. « Action transport déchets nucléaires la Hague-Gorleben », *Sortir du nucléaire*, 7 novembre 2008.

4. « Sur la piste des crochets allemands », *Libération*, 11 mai 2019.

rapide pour moi. Si les sabotages sont liés à des actions antinucléaires, que l'État cherche à criminaliser en les faisant passer pour du terrorisme, alors la stratégie du pouvoir, qui consiste à taire la dimension politique de ces actions, n'est pas absurde : si la signification des sabotages était connue du grand public, cela briserait le *silence nucléaire.* On parlerait de la Hague et de Gorleben, par exemple, ce qui n'arrangerait ni les affaires de l'industrie de l'atome, ni celles de ses prestataires ferroviaires. Mais de l'autre côté, pourquoi les auteurs des sabotages ne les ont-ils pas *revendiqués* ? Ben, pour ne pas se faire choper, me glisse Mimoso à l'oreille. Pas bête, pas bête.

Blocages et invisibilisations

On ne saurait être plus explicite
La pose des crochets est un acte politique
Coordonnée de part et d'autre de la frontière
En résistance aux transports nucléaires

Quelques années auparavant, un militant antinucléaire qui s'appelait Sébastien Briat est mort lors d'une action de blocage contre un train Castor. Il se trouve que c'était un 7 novembre 2004. Et lorsqu'il faut déterminer une date pour lancer sur les rails un convoi de déchets nucléaires qui circule de façon aussi exceptionnelle, il existe donc des gens, quelque part dans leurs bureaux, capables de *choisir précisément cette date* pour siffler le départ, quatre ans plus tard, jour pour jour, le 7 novembre 2008. Je comprends tout à fait qu'on n'ait pas le sens des anniversaires, mais à ce point ! L'État nucléaire est décidément bien *macabre.*

En Allemagne, le passage du convoi radioactif suscite des protestations de grande ampleur et de nature variée. Des blocages ont lieu tout au long du trajet, dont certains retardent effectivement de plusieurs heures la progression du Castor. Un petit film montre par exemple une action à Berg[1], quelques kilomètres après la frontière française. Trois militants se sont enchaînés aux voies et à un bloc de béton. Des dizaines de policiers s'affairent pour tenter de dégager le passage du train, mais l'ouvrage des opposants est robuste. Au milieu des disqueuses et des marteaux-piqueurs, la nuit tombe. Il faudra onze heures et demie à toute la troupe pour venir à bout de ce dispositif de blocage.

Partout dans le pays, la répression s'active. Il y a eu des perquisitions à Karlsruhe. Dès le 6 novembre, Cécile Lecomte, dite aussi Eichhörnchen ou l'Écureuille[2] – une militante antinucléaire qui se suspend aux arbres pour dénoncer ces transports –, a été placée en garde à vue préventive après avoir grimpé, avec d'autres militantes et militants, sur un pont du canal latéral de l'Elbe, afin d'y dérouler des banderoles. Le 8 novembre, un communiqué publié par *Sortir du nucléaire* et *Sud-Rail* dénonce cette incarcération. Le texte précise : « Selon le juge, elle est connue comme "administrativement réfractaire" ». Depuis la cellule de détention policière de longue durée de Brunswick, l'Écureuille administrativement réfractaire écrit une lettre ouverte le 9 novembre vers midi, où elle note : « La protestation aérienne contre les Castor représente au plus une infraction, tout comme la participation à un sit-in. Je me demande donc pourquoi les grands pontes des Verts, qui ont annoncé publiquement leur participation au sit-in, n'ont même pas été arrêtés pour prévenir la menace. Mais non, il ne s'agit pas de prévenir un danger – sinon, le

1. Cine Rebelde, « Gleisblockade in Berg bei Lauterburg » (blocage des voies à Berg, près de Lauterbourg), 10 novembre 2008.
2. Son blog : http://blog.eichhoernchen.fr/fr

transport de Castor ne démarrerait même pas et il n'y aurait pas de centrales nucléaires, s'il s'agissait véritablement de droit à la sûreté, de sûreté physique. Non, il s'agit tout bonnement de criminaliser la résistance. Criminaliser et punir l'engagement politique[1]. » Pendant ce temps, un grand rassemblement antinucléaire se déroule en effet sur plusieurs jours, à l'arrivée du Castor, près de Gorleben. Entre quinze et seize mille personnes y participent malgré le froid et les photos que les organisateurs publient confirment la présence d'une foule familiale. Dans la manifestation du samedi 8 novembre, on aperçoit les drapeaux de partis politiques tels que Die Grünen ou Die Linke, les camions de Greenpeace, ainsi que d'innombrables troupes de clowns, théâtre, musique et des dizaines de tracteurs. Il y a du monde. Le cortège est suivi par un sit-in qui durera deux jours. Des militants de tous âges y participent, avant d'être délogés par la police, lundi 10 novembre. Et pendant ce temps-là, en France, officiellement : rien. À part cette drôle d'affaire, dite de Tarnac – mais quel rapport ? Le silence pèse, le nucléaire continue à fonctionner comme une cape d'invisibilité.

* * *

« Dans la nuit du 8 novembre, des actes de sabotage ont été commis simultanément en Allemagne et en France contre des infrastructures ferroviaires, alors qu'un train Castor était en circulation sur d'autres lignes. En France, des crochets ont détruit des caténaires et provoqué le retard de 160 trains. Dans une lettre de revendication

1. Cécile Lecomte, « Lettre ouverte depuis la cellule de détention policière de longue durée de Brunswick, commissariat de police et unité de gardes mobiles, Friedrich-Voigtländer Str. 09.11.2008 vers 12 h ».

intitulée "Parce que nous en avons assez" reçu en novembre par la taz, des militants antinucléaires ont endossé la responsabilité de ces actions [...] La lettre, qui ne comporte aucun logo, est signée "à la mémoire de Sébastien" – du nom de ce militant antinucléaire qui a trouvé la mort en 2004 lors d'une action de protestation contre un autre convoi franco-allemand de déchets nucléaires. »

«Coup de massue antiterroriste suite à la mobilisation antinucléaire», taz[1]

J'ai eu vent de la revendication allemande par les comités de soutien aux inculpés de Tarnac, dont j'avais commencé à suivre les publications, très documentées, sur le web. Une fois officialisée l'existence du document, il me paraissait impossible que l'État continue à raconter ses histoires de nouvelle cellule de lutte armée d'extrême gauche visant l'action terroriste et violente, «éventuellement contre des personnes», comme l'avait prétendu le procureur Marin au moment des arrestations. Cette fois, c'était sûr : on allait enfin parler des trains Castor. En réalité, je me trompe complètement. Lundi 15 décembre, l'AFP[2] se fait l'écho de l'article de la *taz*, dans une brève dépêche intitulée «Revendication anonyme du sabotage de voies ferrées en France, en Allemagne». La chose est dite, mais, grâce à ce titre absolument

1. Dorothea Hahn, «Terrorkeule nach Atomprotest», *Tageszeitung*, 13 décembre 2008. «In der Nacht zum 8. November waren gleichzeitig in Deutschland und Frankreich Sabotageakte auf Bahnanlagen und Zugstrecken verübt worden – während des Castor-Transports, aber auf anderen Strecken. In Frankreich waren durch Hakenkrallen, die die Oberleitungen zerstören, 160 Züge verspätet. In einem Bekennerschreiben mit dem Titel «Weil wir es satt haben», das im November bei der taz einging, hatten Atomgegner die Verantwortung übernommen [...] Unterschrieben ist der Brief ohne Logo mit «In Erinnerung an Sébastian» – so hieß der Atomkraftgegner, der im 2004 beim Protest gegen einen anderen deutsch-französischen Transport ums Leben kam».

2. AFP, «Revendication anonyme du sabotage de voies ferrées en France, en Allemagne», 15 décembre 2008.

vague, ne comportant ni le mot «Tarnac», ni le mot «nucléaire», l'information reste contenue et le texte de la revendication n'est pas rendu public. En revanche, la missive des Allemands a été jugée assez sérieuse par les enquêteurs pour être versée au dossier d'instruction. Un article du *Monde* expliquera un mois plus tard qu'un autre journal, le *Berliner Zeitung*, a été destinataire d'une revendication similaire. Le texte est ainsi connu des services de l'État depuis le début de l'affaire, et même, en réalité, depuis la veille[1] des arrestations spectaculaires effectuées à Tarnac.

Hackenkralle

> *«Les crochets comme ceux qu'on a découverts sur les lieux des sabotages des lignes TGV, on en trouve sur le réseau ferré allemand depuis 1994. Les hackenkralle – littéralement le crochet qui s'agrippe –, qui mettent hors d'état les caténaires au passage des trains, sont apparus, cette année-là, en marge de la résistance contre l'acheminement des déchets vers Gorleben.»*
>
> Libération, *11 mai 2009*[2]

Hackenkralle. Je me répète le mot à voix haute, comme s'il devait avoir sur moi un effet magique. Hackenkralle. Ainsi, le crochet de Tarnac aurait été *le premier hackenkralle français*. Ce 11 mai 2009, *Libération* revient sur la revendication allemande des sabotages ferroviaires, qui a été validée par une

---

1. «Les policiers français disent avoir été informés le 10 novembre de l'existence de ce communiqué [envoyé au *Berliner Zeitung*] par leurs collègues allemands. "Mi-décembre, nous avons appris qu'un communiqué aurait été reçu par la *Tageszeitung*. On se rend compte que c'est peut-être le même", explique un enquêteur». *Le Monde*, 23 janvier 2009.

2. Karl Laske, «Sabotage SNCF. Sur la piste des crochets allemands», *Libération*, 11 mai 2009.

publication dans une importante revue antinucléaire, *Anti Atom Aktuel*. Par ailleurs, si le coup de filet de Tarnac s'est vendu au box-office de la presse française comme un inédit sous le nom d'opération « Taïga », il ressemble fort à un mauvais remake tricolore de l'offensive policière lancée en 1999 contre des militants radicaux de Hambourg, lors d'une opération intitulée « Crochet doré ». Un activiste de Hanovre détaille : « Les policiers l'ont désignée sous le nom de "Golden Hackenkralle", crochet doré, parce qu'ils avaient entendu deux militants sur écoute qui parlaient d'offrir un crochet doré à un ami pour son anniversaire. Ce n'était qu'une blague. » La procédure allemande, en revanche, n'est pas particulièrement divertissante pour les activistes visés, puisqu'elle est conduite par les services de l'antiterrorisme. Fort heureusement pour eux, elle se termine par un non-lieu en 2005. Eh bien, soupire Mimoso, j'espère que ça ne prendra pas aussi longtemps pour Tarnac !

Fukushima : arrêt sur images

Nous sommes en mars 2011, je travaille comme chroniqueuse sur le plateau web d'Arrêt sur images. Les enregistrements ont lieu en studio tous les vendredis et je passe une bonne heure en régie à écouter les invités, avant d'aller chanter une chanson à leurs côtés. Je suis « générique de fin ». Pour ne pas risquer d'interrompre l'enregistrement de l'émission, j'arrive toujours assez tôt et je vais rejoindre le « bocal » où s'active la technique. En attendant discrètement que le plateau se mette en place, généralement, je peaufine mon texte.

Ce vendredi-là, je suis un peu en avance. J'entre dans le local vitré et je lance un pimpant « bonjour ! » à la petite équipe. L'émission que nous allons tourner doit évoquer le procès Chirac et j'ai écrit une chanson amusante, que je me réjouis de chanter. Le journaliste et le réalisateur qui se trouvent dans la cabine répondent mécaniquement à ma salutation, sans lâcher des yeux l'écran qu'ils regardent. C'est très inhabituel de leur part, tous deux étant de nature joyeuse et attentive. Sans poser plus de questions, je regarde à mon tour l'ordinateur pour tenter de découvrir ce qui les captive. Je vois alors une immense vague noire en train de déferler sur un rivage, une route, une forêt, entraînant avec elle bateaux, voitures, arbres, gens, tout. Une maison glisse, s'encastre dans une autre. Je n'arrive pas bien à identifier le degré de réalité de la scène. On dirait une maquette. Mes jambes tremblent, je pose mon sac.

— C'est où ?

— Japon.

— C'est quoi ?

— Séisme et tsunami.

— Quand ?

— Il y a quelques heures.

Nous restons devant l'écran, observons la vague, l'interminable onde sombre, puis encore d'autres vagues. Des torrents de boue. Nous ne parlons pas trop. Je suis contente de ne pas découvrir cela toute seule chez moi, en tout cas. Quand les invités arrivent enfin, il faut tenter de se concentrer sur le sort judiciaire de Chirac. À ma plus grande surprise, j'y parviens. Mais en sortant du studio, ce jour-là, je commence à suivre minute par minute les nouvelles de ce qui porte désormais un nom : le « tsunami japonais ». Une centrale nucléaire aurait été touchée dans le nord du pays, la menace est sérieuse. Le lendemain matin, au réveil, l'explosion du réacteur n° 1 et son impressionnant panache de fumée achèvent de me convaincre que la situation est grave. « C'est de l'hydrogène, de la vapeur d'eau, n'ayez pas peur ! Un dégazage volontaire, parfaitement maîtrisé, dont le but est de faire retomber la pression dans le réacteur ! », assurent les voix expertes. Sans doute, sauf que la vapeur qui sort d'un réacteur dont l'alimentation électrique n'est plus assurée en soulevant le toit qui était censé la confiner, c'est de la vapeur radioactive qui part directement dans l'air, dans l'eau, dans le monde, et ça s'appelle justement : *une catastrophe nucléaire.*

* * *

Dimanche dans la nuit, une autre explosion a lieu sur le réacteur n° 3. Lundi 14 mars, la patronne d'Areva Anne Lauvergeon, incroyablement discrète jusque-là, vient répondre aux piquantes questions de David Pujadas lors d'une édition spéciale du journal de 20 heures.

— Avez-vous des informations ? Il y a deux scénarios : l'un plutôt optimiste, on arrive à refroidir le réacteur, l'autre plutôt pessimiste et on a vu que ça pouvait mener très loin. Êtes-vous inquiète ce soir ?

— Bien sûr que je suis inquiète, je pense qu'on est en face d'une catastrophe très importante au Japon, *une catastrophe naturelle,* un tremblement de terre d'une magnitude très élevée, un tsunami gigantesque. Il est clair que le Japon est aujourd'hui extrêmement touché, et avec des moyens, pour faire face à la crise nucléaire qu'ils connaissent, qui ne sont pas les moyens habituels.

— Est-ce que vous diriez que c'est aussi une *catastrophe nucléaire* à laquelle on assiste ?

— Non, pas une catastrophe, puisque aujourd'hui, je l'espère, ça, c'est la version positive, je crois qu'on va éviter la catastrophe nucléaire.

Alors même qu'elle prononce ces mots, une vidéo malencontreuse s'affiche en vignette juste à côté de son visage. On y voit l'explosion du réacteur n° 1 et son épais nuage radioactif, contredisant directement Atomic Anne, qui poursuit néanmoins sa démonstration.

— Nous sommes effectivement *un petit peu entre les deux*. Les 55 réacteurs japonais, au moment du tremblement de terre, se sont tous arrêtés d'urgence, *comme il est prévu.* Il n'y a eu aucun problème et visiblement, d'ailleurs, pas de conséquence significative du tremblement de terre.

Elle avale sa salive avec un peu de peine, il me semble. Certains mots sont parfois difficiles à prononcer, même lorsqu'on a l'habitude de *communiquer* comme on respire. En venant sur ce plateau, sa mission consiste à faire comprendre aux Français qu'il s'agit d'une catastrophe naturelle typiquement asiatique ; que ce tsunami, comme son nom même le suggère, est d'un type lointain qu'on ne saurait connaître en France ; que le risque sismique (qui lui est par ailleurs présent et répertorié sur plusieurs centrales françaises) n'a pas été déterminant dans le cas de Fukushima. Malheureusement à ce moment précis, l'argumentaire pourtant simple, inscrit encore une seconde auparavant dans son esprit entraîné, se brouille brutalement, ne laissant échapper de sa bouche que quelques bribes mal articulées, diffusées à l'accéléré.

— Par contre derrière, le tsunami a été à une hauteur, sur Fukushima, qui n'était pas prévue par les gens qui ont construit ces centrales. Donc euh… La situation aujourd'hui c'est qu'effectivement l'alimentation… (Non ! Anne ! Ne parle pas de l'alimentation !) Une fois que le réacteur est arrêté… (Zut, c'était quoi la suite déjà ? Ah oui ! Tchernobyl. Comment articuler ? Trop tard. On enchaîne !) D'ailleurs, *on n'est pas du tout dans la situation de Tchernobyl.* Tchernobyl c'est un réacteur qui fonctionne et qui explose. *On est tous mentalisés là-dessus.*

Elle fait ensuite plusieurs fois le même geste avec les mains, indiquant que notre esprit porte des sortes d'œillères. Elle sourit. Apparemment ça lui plaît, de nous dire qu'on est « tous mentalisés » sur quelque chose de précis : une vieille histoire de catastrophe russe, elle aussi impossible dans notre pays, vu que la France n'est pas l'Union soviétique, tout de même.

— On a tous été traumatisés par Tchernobyl. Donc immédiatement on a ça en tête. Non, c'est pas ce qui se passe. Ce qui se passe, c'est que les réacteurs sont arrêtés, mais que les combustibles qui se trouvent à l'intérieur doivent être refroidis.

— Ils continuent à chauffer, *ils sont dans leur cycle*...

Et vous David Pujadas, êtes-vous dans votre cycle ? Tout baigne ? Tout continue à chauffer, comme d'habitude ? Les combustibles nucléaires privés d'alimentation électrique sont condamnés à exploser, fondre, se transformer en un infect corium ultra-toxique qui va percer le fond de la cuve du réacteur, contaminer les sols, les nappes phréatiques, nourrir des nuages assassins, empoisonner les êtres vivants présents et du même coup tous ceux qui voudraient s'aventurer sur place pendant des centaines de milliers d'années, mais les combustibles *sont dans leur cycle* ? Ils ont, en quelque sorte, leurs règles. C'est un moment douloureux mais nécessaire, il faut serrer les dents. D'ici deux ou trois jours, tout cela sera passé. Au fond on se demande bien pourquoi il y a une édition spéciale du journal sur ce sujet, tant les choses semblent absolument normales à Fukushima, ce lundi 14 mars 2011. Anne Lauvergeon ne s'aventure pas à reprendre l'image du cycle, qui n'a techniquement aucun sens étant donné la situation de crise extrême dans laquelle se trouvent les malheureux combustibles, mais cet interlude de normalisation lui a laissé le temps de retrouver son fil.

— Ils continuent à chauffer, il faut les refroidir.

— Est-ce qu'on va y arriver d'après vous ? D'après les informations que vous avez ?

— Alors, sur le 1 et sur le 3, effectivement, Tepco (l'électricien nucléaire japonais) a su trouver les moyens de mettre en place l'eau pour refroidir...

— Et une fois que c'est fait, ça signifie que ça va refroidir forcément ?

— Ah oui tout à fait ! Ah oui oui oui !!!

Son visage s'éclaire. Anne Lauvergeon est heureuse. Mais oui, bien sûr que ça va marcher ! Il est amusant avec ses doutes, ce petit présentateur. Vous ne croyez tout de même pas qu'on s'amuse à envoyer des hélicoptères militaires verser de l'eau salée sur des unités qui sont en train d'exploser pour rien du tout ? Que nos grandes lances à eau et nos hommes aussi vaillants qu'ingénieux, qui risquent leur vie dans une opération extraordinaire, font tout cela sans que nous soyons absolument *assurés* de notre victoire ?

De fait, à l'heure où Anne Lauvergeon s'exprime si affirmativement, la situation sur place est désespérée. Les combustibles des réacteurs 1, 2 et 3 ont déjà fondu, comme le montrera le rapport que l'Agence internationale de l'énergie atomique (AIEA) rendra public au moins de juin suivant. Tôt dans la matinée du 12 mars, le combustible de l'unité 1 avait déjà commencé à fondre. Tout est allé très vite, cela n'a pris que 79 heures au plus résistant des trois réacteurs pour que la véritable et totale catastrophe nucléaire advienne. Les cuves ont été percées par le combustible nucléaire en fusion. Le séisme ayant eu lieu le 11 mars à 5 h 46 UTC et Paris étant sur un créneau horaire UTC +1 en heure d'hiver, on peut estimer que le 14 mars dès 13 h 46 heure de Paris[1] les trois cœurs des réacteurs ont commencé leur fusion et perforé leurs cuves respectives. Il est tout simplement trop tard. Comme dans ce show télévisé à la française, le faux suspens mondial entretenu par les experts autour de la capacité des équipes japonaises à refroidir le combustible n'est qu'un long et douloureux spectacle : celui des industriels de l'atome et des États complices, tentant de nous convaincre de leur capacité à avoir prise sur le monde, alors même qu'ils font au contraire la démonstration mondiale de leur totale impuissance. Mais sur le plateau, ce soir-là, en

1. Début du séisme 11 mars 6 h 46 heure de paris, 79 heures = 3*24 h + 7 h, ce qui nous donne une fusion des trois cœurs le 14 mars à 6 h 46 + 7 h = 13h46 heure de Paris.

dépit du réel, Anne Lauvergeon entreprend de résumer la situation de façon positive.

— On a 8-9 mégawatts produits par chaque réacteur, *c'est quelque chose de très connu,* et chaque jour qui passe [n'oublie pas de sourire, Anne, c'est important le sourire] est un jour de gagné. C'est-à-dire que la température effectivement se stabilise, enfin diminue... Et donc, le temps est absolument clef. Les trois jours que nous venons de vivre, qui sont trois jours terribles, et je voudrais d'ailleurs saluer le formidable *sang-froid* de toutes les équipes de Tepco et de l'autorité de sûreté nucléaire japonaise. Nous sommes aujourd'hui sur le 1 et le 3 dans une situation qui est euh... Avec *le départ d'hydrogène, qui a été volontaire, le dégazage,* je dirais... Euh... plus rassurante. Alors sur le réacteur 2, il faut effectivement qu'ils trouvent le moyen de mettre en place les quantités d'eau adéquates.

— Les ingénieurs japonais semblent un peu désemparés, on voit qu'ils font appel à des experts de l'AIEA, des experts américains aussi...

— Ce qui est *tout à fait classique,* c'est-à-dire que ce sont des réacteurs qui sont de design américain, donc appeler des ingénieurs qui ont fait ce design est *tout à fait classique,* et appeler l'AIEA est aussi une réaction *tout à fait normale.*

Les « dégazages » ont été tellement « volontaires » que, selon CNN, l'explosion du réacteur 1 a blessé quatre personnes et celle du réacteur 3 en a blessé onze[1]. Certes, les autorités françaises (IRSN et ASN) expliquent dans leur rapport du 9 juin 2011 que Tepco a effectivement tenté de faire baisser la pression dans les réacteurs[2]. Mais il s'agissait de lâchers

---

1. « Radiation levels spike, at Japanese nuclear plant », *CNN*, 15 mars 2011.

2. « L'accident de la centrale nucléaire de Fukushima Daiichi », Rapport IRSN/ASN, 9 juin 2011.

radioactifs et non de simples *départs d'hydrogène*. Par ailleurs, ces opérations n'ont pas eu le succès escompté, d'où les explosions qui les ont suivies, qui n'étaient en aucun cas volontaires et n'ont tout simplement pas pu être évitées – ce qui explique au passage qu'elles aient fait des blessés. On voit qu'Anne Lauvergeon, pour le dire gentiment, nous promène, lorsqu'elle affirme que la situation est «plus rassurante» dans les réacteurs 1 et 3. Mais au lieu de la relancer, de lui demander si ces explosions sont vraiment si volontaires que ça, ou si le refroidissement au tuyau d'arrosage ne va pas être une option technologique un peu légère, David Pujadas se lance dans une question étrange, où risque et chance se mêlent et se confondent, comme deux barres de combustible dans la cuve percée d'un réacteur abandonné à son inexorable destin d'autodestruction.

— *Quelle est la chance à laquelle vous évaluez le risque d'arriver à refroidir ce réacteur n° 2?*

— Il est impossible aujourd'hui de faire des probabilités pour savoir, nous n'avons pas tous les éléments de connaissance qu'a Tepco aujourd'hui sur le sujet. [Tiens d'ailleurs, si on changeait de sujet?] Bon, moi je voudrais dire que *je comprends aussi très profondément l'émotion de tout le monde*.

Il faut s'arrêter un instant sur ce point de la fiche d'Anne Lauvergeon. C'est l'un des enseignements de la communication de crise nucléaire de 1986, durant laquelle l'argumentaire rationnel et le conte médiatique douteux du nuage stoppé net par la frontière française ont laissé un goût amer et une défiance assez profonde dans la population. Il faut donc réussir à s'adresser à la fibre sensible de l'auditoire, à sa partie inquiète, terrifiée peut-être, pour tenter de regagner un peu son cœur. Un présentateur de télévision ne refusera jamais un petit développement émotionnel. D'autant qu'il faut, à tout prix, empêcher l'angoisse de donner un quelconque crédit aux opposants de l'industrie nucléaire, ces psychopathes hirsutes dont l'indécence va jusqu'à instrumentaliser la catastrophe naturelle de Fukushima pour d'autres motifs que la relance du marché des EPR. La meilleure défense, c'est l'attaque.

— Alors, même si *certains* [sourire complice] instrumentalisent un peu les peurs, comme on l'a vu dans *certains* de ces reportages, il est *tout à fait normal* effectivement aujourd'hui de s'inquiéter.

— Est-ce qu'on doit en tirer des enseignements, nous, en France, et lesquels ?

— Ah ben écoutez, nous les enseignements on les a déjà tirés dans tous nos designs.

Cette réponse agacée sonne le coup d'envoi de l'offensive finale. Ce soir-là, alors que nous sommes des millions de personnes à regarder cette édition spéciale la peur au ventre, essayant de comprendre ce qui se passe à l'autre bout de la planète, ce qui pourrait advenir pour les gens sur place et pour nous autres, si la radioactivité de Fukushima venait à se répandre dans les sols, les airs et l'océan, Anne Lauvergeon se lance sans vergogne dans un spot promotionnel en faveur du produit qu'elle essaye, en vain ou presque, de vendre : le fameux EPR, qui devait être la réponse flamboyante de l'industrie française à l'accident de Tchernobyl. Deux jours plus tard elle le dira même explicitement dans la presse : « S'il y avait des EPR à Fukushima, il n'y aurait pas de fuites possibles dans l'environnement, quelle que soit la situation[1]. » Arrêtez de vous lamenter sur le Japon, c'est une île perdue au milieu des tsunamis, qui n'avait qu'à nous acheter un réacteur de luxe.

1. « Lauvergeon : "Avec l'EPR, il n'y aurait pas eu de fuites à Fukushima" », AFP, 16 mars 2011.

— C'est-à-dire que tout ce que nous proposons aujourd'hui en termes de construction de nouveaux réacteurs nucléaires, ce sont des réacteurs qui par exemple, *même en cas de fusion de cœur, événement extrêmement improbable* [il y en a trois en cours à l'heure où je vous parle mais je capitalise sur le fait que vous ne le savez pas encore], *eh bien il n'y aura pas de fuite dans l'environnement.* [...]

— On dit: «Nos réacteurs à nous, en France, sont trop vieux». Est-ce qu'ils pourraient résister à un choc, non pas aussi important que celui qu'il y a eu au Japon, parce que les séismes ne sont pas de même amplitude, mais est-ce qu'ils pourraient *résister*?

— Les séismes ne sont pas de même amplitude [merci au passage d'avoir glissé la réponse dans votre question, c'est pratique] et on n'a pas de tsunami de ce niveau-là. Par contre il y a tout un travail qui a été fait après les grandes tempêtes de 1999 [ne pas prononcer le mot Blayais, surtout *ne pas* prononcer le mot Blayais], qui avaient montré effectivement des événements météorologiques tout à fait exceptionnels, pour redimensionner certaines digues, et s'assurer qu'effectivement, en cas de grande marée, en cas de tempête, il n'y ait pas des arrivées d'eau. Alors moi je suis persuadée... Parce que *le sujet de ces réacteurs, c'est l'inondation, hein. C'est pas le tremblement de terre, c'est les inondations* [où l'on retrouve l'élément de langage numéro un dans son plus simple appareil].

— Et là-dessus, en France, on a fait ce qu'il fallait d'après vous?

— Là-dessus en France, on a, je pense, fait ce qu'il faut...

— Ce n'est pas l'avis de tout le monde...

— Mais il va falloir, il va falloir, je dirais, *récupérer toute l'expérience japonaise* pour regarder effectivement s'il n'y a pas des leçons à apprendre et à faire revenir sur le système français.

Cette thématique du *retour d'expérience,* qui tend à nous faire croire que toute catastrophe est une chance, une opportunité, puisqu'elle va se traduire en expertise et donc en capacité à éviter qu'un désastre du même genre ait lieu chez nous, est l'un des axes de communication préférés de l'industrie nucléaire. Ainsi, en quelque sorte, toute tragédie serait bonne à prendre. L'idée que certaines expériences puissent être tout simplement les dernières, ou pour le dire autrement, des expériences sans retour, n'est jamais envisagée. Il faut dire que si elle l'avait été, elle aurait certainement stoppé net tout projet nucléaire. Le fait, par ailleurs, que tout désastre soit *original*, et par là imperméable aux expertises imaginaires et limitées acquises par un traitement compulsif de données associées aux catastrophes passées, est de manière volontaire, et très compréhensiblement, laissé hors du champ de réflexion. Les gens qui, comme Anne Lauvergeon, prétendent tout prévoir, ont la manie de se donner des obligations de moyens plutôt que de résultat: *étant donné les informations dont nous disposions*, on a fait tout ce qu'il fallait, et on ne pouvait pas prévoir ce qui allait advenir puisque tel élément X n'était pas dans notre base. Il y a déjà eu des tsunamis terribles au Japon, comme en témoignent les traces laissées au pied des montagnes par des générations précédentes, avec des signes gravés sur le relief disant «ne construisez pas en dessous de ce niveau». Pourtant, des constructions sont descendues et elles ont été emportées. Pour un certain nombre de personnes qui vivaient près de Fukushima ou qui sont intervenues sur les chantiers, mises en danger par des doses importantes, il n'y aura pas de retour d'expérience: c'est un aller simple.

L'intervention de notre experte touche à sa fin. Elle a déroulé l'essentiel de sa fiche et David Pujadas n'a plus vraiment de fausses questions à poser. Il est donc temps d'en remettre une petite couche contre les antinucléaires.

— Moi je crois que là-dessus il faut rester extrêmement ouverts, tout est à construire, mais ne manipulons pas les peurs de manière primaire ! On a l'impression d'ailleurs parfois qu'il y a plus d'énervement dans le système français que dans l'extraordinaire sang-froid que développent les Japonais.

— On va en parler, de ce sang-froid, dans quelques minutes. Merci Anne Lauvergeon.

Tout au long des jours et des semaines qui ont vu se déployer le début de la catastrophe de Fukushima, l'extraordinaire-sang-froid-des-Japonais fut le nom de code d'une opération consistant à culpabiliser toute personne, témoin impuissant des événements de Fukushima, qui aurait eu le mauvais goût d'être saisie de vertige. Voyez-vous ces malheureux habitants de Fukushima, plus fortement exposés que vous, et tellement plus courageux ? N'avez-vous pas honte de votre angoisse ? Un peu de dignité, enfin, maîtrisez-vous !

Quelques heures après cet entretien télévisé, on apprend que le réacteur 2, à son tour, vient de subir une explosion. Son sort est scellé, comme celui de ses collègues. Puis le réacteur 4 entre en scène : un incendie s'est déclaré sur la piscine, qui va faire parler d'elle tout au long de la semaine. Mardi 15 mars et les jours suivants, il devient clair globalement que les rejets sont massifs, les cœurs fondus ou fondants et les piscines menaçantes. L'empereur a beau s'adresser aux Japonais, on n'y peut plus rien. On regarde la télé NHK, on scrute les vents, les prévisions de pluies. « En raison des précipitations importantes ces jours-là (averses de pluie et même de neige) et de la faible altitude du panache radioactif, des dépôts radioactifs substantiels se sont produits dans un secteur de territoire d'environ 20 km de large et 60 km de long, s'étendant bien au-delà de la zone évacuée et même de la zone de mise à l'abri», constatera au mois de juin le rapport des autorités françaises.

* * *

Vendredi 18 mars, je suis de retour sur le plateau d'Arrêt sur images et chargée de chanter la catastrophe. Je m'y rends avec mon piano en plastique et l'estomac en fusion. À la fin de la chanson, j'annonce à nos fidèles webspectateurs que des manifestations antinucléaires vont avoir lieu, un peu partout, le week-end suivant. À Paris, un rendez-vous est donné par Attac, Sortir du nucléaire, Sud ou encore le NPA, dimanche 20 mars à 15 heures, devant l'Assemblée nationale pour un «rassemblement en hommage aux victimes japonaises et pour dénoncer le risque nucléaire»[1]. Depuis une semaine, beaucoup de gens me parlent de Fukushima, dans le métro, au boulot, au café. Les médias ont largement «couvert» la situation – à tous les sens du terme –, qui est désormais officiellement une catastrophe nucléaire. Des évacuations massives, des territoires immenses inhabitables pendant une durée indéterminée, qui peut rester indifférent à cela? C'est la toute première grande manifestation organisée à Paris, dix jours déjà après le début de la catastrophe. En m'y rendant, je n'ai aucun doute: il va y avoir du monde.

Lorsque j'arrive devant l'Assemblée nationale, il est pile l'heure, pourtant je suis absolument seule. Pas un drapeau, pas un mégaphone, pas un bruit, rien, à peine quelques voitures qui passent sur les voies

1. Démosphère, 10 mars 2011.

rapides le long de la Seine. Un cauchemar. Me serais-je trompée de jour ? Où sont *les autres* ? Je vérifie le rendez-vous sur internet, je vois que le lieu de rassemblement a été précisé et qu'il est situé sur la place Herriot. Il s'agit d'une minuscule placette à l'arrière de l'Assemblée, à quelques mètres de là. Je m'y rends, un peu refroidie. Nous sommes, dans le plus optimiste des comptages, peut-être deux cents. Tout autour de la place, sur les toits et les murs surélevés, des files de policiers en rang serré nous encerclent. Eux, ils sont nombreux. Ils nous filment, nous photographient sous toutes les coutures. C'est insupportable. J'aperçois une dame que je connais. Je lui parle. « La vache, on n'est pas beaucoup. » Elle me répond, dans un soupir : « Non, c'est clair, on n'est pas beaucoup. »

Ce jour-là, en rentrant chez moi, je prends une décision sans mots. La société policée dans laquelle je viens d'attendre une manifestation qui n'est pas advenue doit changer. Si je peux y faire quelque chose, je le ferai. L'année suivante, avec l'opération César à Notre-Dame-des-Landes, les choses deviennent plus claires encore : le béton des centrales nucléaires et celui des pistes d'atterrissage ne sont pas si différents. Le tunnel de la TAV, le barrage de Sivens, les détecteurs de battements de cœur aux frontières, les pesticides, les projets miniers, les pipelines et les élevages industriels : l'atome fait partie d'un « monde ». Or qu'a prévu ce monde-là ? Que s'il y a des centrales, il y aura forcément des contaminations. Que s'il y a des contaminations, il y aura forcément des irradiations, des blessés, des morts, des déplacés, des territoires condamnés. Il a aussi prévu que cela n'est pas tellement grave, au fond – puisque c'est prévu. Depuis quand la préméditation est-elle une circonstance atténuante ?

À Fukushima

Si tout se passe comme prévu
À Fukushima
Comme c'est déjà advenu
La terre tremblera
Si tout se passe comme prévu
Les centrales nucléaires
Soudain ne fonctionneront plus
C'est en tout cas ce qu'on espère

Si tout se passe comme prévu
Il n'est pas exclu
Qu'une part des populations
Subisse une irradiation

Si tout se passe comme prévu
À Fukushima
Une vague jamais vue
Déferlera
Si tout se passe comme prévu
Les réacteurs en fusion
Tels des volcans contenus
Entreront en éruption

Si tout se passe comme prévu
Il n'est pas exclu
Qu'une part des populations
Subisse une irradiation
Si tout se passe comme prévu
Réécrivez vos discours
Car vu les risques encourus
L'expérience est sans retour

Si tout se passe comme prévu
À Fukushima
Il faudra qu'on évacue

Rien ne restera
Qu'une côte désolée
Un tombeau brûlant
Les traces de ce brasier
Dureront éternellement

Si tout se passe comme prévu
À Fukushima
On fera des plus-values
En traitant tout ça
Et la France toujours fière
De ses experts
Construira sur la poussière
Quelques centrales nucléaires

Si tout se passe comme prévu
Il n'est pas exclu
Qu'une part des populations
Subisse une irradiation.

Arrêt sur images, 19 mars 2011

Lemoiz et le pays non nucléaire

I. Première correspondance

Kaixo Lili,

Zer moduz? Comment vas-tu?!

J'ai pensé hier à quelque chose qui pourrait t'intéresser. Tu sais sans doute qu'il existe au Pays basque une unique centrale, qui a été construite dans les années 1970 et jamais démarrée. Elle s'appelle Lemoiz[1] et, à vol d'oiseau, je dirais qu'elle doit se situer sur la côte de Biscaye à une centaine de kilomètres de la frontière française. Son chantier a été arrêté au début des années 1980, après une lutte très dure. Tout était terminé, ou presque! Depuis, la centrale est restée là. Tu sais déjà tout cela, peut-être?

Je suis passé la voir l'autre jour car je voulais en prendre une photo pour te l'envoyer, mais les vigiles postés sur la route ne m'en ont pas laissé le loisir. C'est un peu fou, tu ne trouves pas? Lemoiz n'est pas nucléaire, pourtant, elle n'a jamais été rendue à sa population. Comment te dire? Ce qu'ils appellent *Lemoiz* c'est une ruine de béton rouillé sur le bord d'un océan vidé de ses poissons par les grandes pêches industrielles et capitalistes. Ce qu'ils appellent *Lemoiz*,

---

1. Lemoiz en basque (prononcer «Lémoïs»), Lemónis en espagnol. Nous reproduisons le nom des lieux en basque car c'est en cette langue qu'ils sont mentionnés dans les documents consultés. Nous faisons exception pour une ville, Bilbo étant désignée comme Bilbao. Nous aurions pu étendre cette exception à Donostia / Saint-Sébastien ou encore Tutera / Tudela, etc, mais avons préféré nous en tenir à cette règle simple: la plupart du temps, les noms de lieux sont donnés en basque.

c'est un arrière-pays dont l'eau douce a été drainée, asservie, conduite par la force jusqu'à une retenue dédiée à leur monstre de sable mort. Le nucléaire a soif, paraît-il. Voilà ce qu'ils appellent Lemoiz.

Mais nous aussi, vois-tu, nous avons soif ! Ce que nous appelons *Lemoiz*, ce sont nos quartiers, nos bancs, nos lieux de passage, d'échange, nos espaces de rencontre. Comprends-tu ? Lemoiz est à nous ! Qu'on nous la rende et qu'on décide ensemble le sort de cette crique asphyxiée par un ouvrage sans art. *Libérez Lemoiz ! Rendez-nous son eau, ses sentiers ! Assez de projets ! Assez de projets !!!* Tu vas me prendre pour un fou, qu'importe. Je plaisante un peu toujours, bien sûr. Mais figure-toi que j'aimerais bien savoir comment on a pu en arriver là et, au fil de mes réflexions, je m'aperçois que les événements qui nous ont conduits à cette situation sont en train de tomber dans l'oubli. Des gens qui ont participé à ces événements s'en vont les uns après les autres, sans avoir eu ni le temps ni le droit d'en témoigner publiquement. Des récits circulent, souterrains, mais sur la place, dans la cour, entre les hélicoptères et les convois d'assaut, le silence règne. Tu parles d'une paix ! C'est un problème, non ? Si l'histoire de Lemoiz t'intéresse, je dois pouvoir te retrouver ici une revue conservée par mon oncle sur le sujet, qui dort dans les cartons du grenier. En attendant, je t'envoie cette carte postale, pour que tu voies un peu à quoi elle ressemble. Ondo izan !

Eki

La centrale nucléaire de Lemoiz – Source : domaine public.

Coucou Eki,

Quelle surprise ! Figure-toi que j'ai montré ta centrale à plusieurs amis parisiens qui connaissent un peu ces sujets, et, à une ou deux exceptions près, ils sont aussi piteux que moi : ils n'ont jamais entendu parler de *Lemoiz*. Tu me pardonneras j'espère. Du coup, ton histoire m'a intriguée : ETA[1] y a fait des attentats, c'est bien cela ? Est-ce vraiment pour cette raison que le chantier s'est arrêté ? J'ai trouvé

1. « Euskadi ta Askatasuna », que l'on peut traduire par « Pays basque et Liberté », était le nom d'un groupe armé basque assez vaste pour que l'on puisse arrêter son n° 1 tous les six mois au journal de 20 heures, lorsque j'étais enfant. Cette organisation a été active principalement entre 1970 et 1990, sur la partie sud du Pays basque. Les orientations diverses et souvent conflictuelles en son sein ont abouti, en partie du fait des choix faits pendant la lutte contre Lemoiz, à diverses divisions et recompositions successives, donnant lieu à des scissions qu'il faudrait préciser et mettre en relation avec les divers groupes actifs à l'époque, sur plus de dix ans. Cela nécessiterait un travail historiographique et politique conséquent qui sort du cadre de ce récit. Nous dirons donc simplement ETA, de façon provisoire et schématique.

quelques articles en français sur le sujet, assez peu, honnêtement, mais j'ai l'impression qu'il y a aussi eu une grande mobilisation antinucléaire. Cela me paraît fou. Comment se fait-il que personne ne m'en ait jamais parlé avant toi ? Merci beaucoup, en tout cas.

Pour te dire la vérité, je cours dans tous les sens en ce moment et je crains de ne pas avoir le temps de te rendre visite tout de suite. Je le regrette bien. Crois-tu qu'il serait possible d'échanger par écrit sur le sujet ? Saurais-tu me conseiller un livre ?

Merci et à bientôt !

Lili

Chère Lili,

Oui bien sûr, avec plaisir, écrivons-nous. Par contre, je dois te prévenir que je ne suis ni historien, ni spécialiste de Lemoiz ; et aussi, pour être tout à fait honnête avec toi, que c'est un sujet compliqué. Certes, l'antiterrorisme a perdu son principal objet depuis que l'organisation ETA s'est auto-dissoute en mai 2018. Et même si Madrid et Paris font semblant, depuis dix ans, de ne rien voir à ce qui se passe ici, il commence vraiment à être possible d'entreprendre des recherches qui auraient sans doute été criminalisées il y a peu de temps encore. «*Apologie du terrorisme !*» Mais si les choses avancent lentement, elles reculent aussi périodiquement. Nous vivons sous la coupe d'un régime arbitraire, de part et d'autre de la frontière. Comme tu le sais, les régimes antiterroristes sont coutumiers des mécanismes de censure et cela nous a sans doute empêchés de réfléchir librement à ce que Lemoiz était devenue : une centrale non nucléaire, sur une côte non nucléaire, dans un pays non nucléaire…

Mais il faut bien que tu te représentes, tout de même, l'intensité des débats qui ont eu lieu dans les années 1970 et au début des années 1980. *La controverse nucléaire!* Je ne sais pas combien de centaines d'articles ont été consacrés à Lemoiz, combien de milliers d'heures de débat dans les conseils municipaux, les assemblées, les cafés. Les gens se sont renseignés, entre voisins, entre amis, ils se sont fait leur idée. Beaucoup ont décidé qu'ils étaient contre. L'antinucléarisme basque a été un mouvement réellement populaire ; en revanche, je ne suis pas sûr que tous les groupes de la gauche révolutionnaire – l'avant-garde politique, comme on disait – aient été vraiment « antinucléaires » dès le début, autant que l'étaient les gens. Ils ont aussi pris le vent comme il soufflait, et comme il y avait ici un grand mouvement antinucléaire, l'avant-garde a suivi ! Ensuite, il s'est passé ce qu'il s'est passé…

Le silence nucléaire entourant actuellement la centrale, comme le ferait une épaisse brume matinale après une trop longue nuit, est peut-être simplement conjoncturel. Au fond, actuellement, qui aurait intérêt à reparler de cette lutte ? L'État espagnol peut-il se vanter d'avoir cherché à imposer par tous les moyens possibles, y compris la force armée, un grand projet nucléaire d'origine franquiste, au moment même où le pays était censé entrer dans la phase dite de « transition démocratique » ? C'est peu glorieux. Aujourd'hui, les écologistes n'ont pas envie de se souvenir d'une lutte au cours de laquelle leurs initiatives ont été, de fait, associées à des organisations armées. J'écris volontairement « des organisations », car si les commandos d'ETA pratiquaient effectivement la lutte armée, il y existait aussi d'autres groupes, diversement autonomes, diversement politiques, et collectivement anticapitalistes, qui se livraient aussi à des opérations de sabotage. De son côté, la gauche qu'on qualifie d'*abertzale,* la gauche indépendantiste si tu préfères, est évidemment la mieux placée dans le récit, puisqu'elle a été très active sur cette lutte qui a, de fait, conduit à l'abandon du projet nucléaire. Il était logique que certains courants cherchent à mettre cela en avant comme une réussite politique du mouvement de libération. J'ai par exemple retrouvé au grenier un autocollant de la coordination abertzale socialiste, la KAS, qui disait : « Aujourd'hui Lemoiz, demain l'Indépendance ». Par ailleurs, Lemoiz ne se résume pas à la victoire populaire que constitue le fait d'avoir été capable d'empêcher la nucléarisation du Pays basque. C'est aussi un souvenir collectif douloureux, pas aisé à « valoriser », comme on dirait aujourd'hui. Les luttes ont été longues et extrêmement dures, occasionnant la mort de trois ouvriers du chantier, de deux ingénieurs de la centrale, d'une militante écologiste et de six militants d'ETA ou apparentés. Douze morts donc, au décompte officiel, mais aussi de nombreux blessés, des familles déchirées, des incarcérations, des procès, des tortures. Tu comprends ce que je veux dire, n'est-ce pas ? Pour toutes ces raisons, il n'y a pas à ma connaissance d'ouvrage historique exhaustif qui soit disponible en librairie sur les événements de Lemoiz et qui pourrait te servir de « référence ». Mais voici quelques livres et revues sur le sujet, que j'ai trouvés éparpillés dans différents rayons de la bibliothèque de mon oncle. Ce ne sont pas forcément les seuls textes qui existent, vois-tu, ce sont ceux que j'ai sous la main.

D'abord, il y a *Lemoiz Apurtu*. C'est une revue publiée en 1987 par Eguzki, la composante antinucléaire du mouvement de libération. La couverture désigne la publication comme « écologique et antinucléaire », mais ne t'y trompe pas : c'est une revue politique. Le texte se présente sous la forme d'une chronologie détaillée, avec un choix de dates et un style sténographique ouverts à la discussion historique. L'ouvrage est très dense et comporte des dizaines de photos de l'époque qui pourront te donner une idée assez précise de l'ambiance. Ensuite, tu peux consulter *Euskadi ala Lemoiz*, un recueil de textes juridiques, lettres, communiqués, rapports et coupures de presse. Il a été publié en 1979 par la « Commission de défense d'une côte basque non nucléaire », l'organe de coordination juridique et politique de la lutte. C'est une mine, tu peux piocher dedans au gré de tes réflexions. Ces deux premiers documents sont d'époque. Plus récemment, comme livre, tu pourrais lire *El contubernio nuclear, Lemoiz*, publié en 2010 par le journaliste Juan Luis Olaran Sustatxa. Son texte s'appuie parfois sur la chronologie d'Eguzki pour ce qui est du récit des événements eux-mêmes, mais il l'interprète et le complète par des informations sur l'organisation municipale, la géographie des lieux, ou les enjeux pour la pêche, par exemple. Et pour finir, tu as *Los pulsos de la intransigencia*, un petit livre qui devrait te plaire ! Il a été publié en 2008 par Jtxo Estebaranz, un militant anarchiste de Bilbao, qui critique l'emprise de l'hégémonie mémorielle simplificatrice qu'exerce la gauche abertzale sur la constitution du récit historique de Lemoiz. Arme-toi d'un dictionnaire et va lire ça au grand air, c'est encore ce qu'il y a de mieux à faire. Il insiste en particulier sur le rôle majeur des associations de voisinages et des assemblées dans l'émergence des comités. Il montre comment l'industrialisation de la Biscaye, autour de la chimie en particulier, a préparé le terrain de la lutte antinucléaire telle qu'elle a pu se déployer contre la centrale de Lemoiz. Figure-toi qu'il y avait là, au tout début des années 1970, des *fronts antipollution !*

Je te mets l'ensemble[1] dans un carton, Ebia[2] doit passer à Paris la semaine prochaine. J'y joins aussi un album photo qui contient quelques documents

1. Dans la suite de ces notes, les ouvrages envoyés par Eki seront désignés sous les références suivantes : Eguzki, *Euskadi, El contubernio, Los pulsos.*

2. Ebia signifie « la Pluie ». Eki veut dire « Soleil ». Lili signifie « Fleur » en basque souletin.

(coupures de presse, tracts, dessins) que mon oncle a soigneusement archivés, entre mille autres choses.

Ondo izan,

Eki

Lemoiz, carton de documentation.

Cher Eki,

Quelle histoire tu me contes là ! L'une des plus grosses luttes antinucléaires ayant existé en Europe aurait quasiment disparu des radars de l'histoire, parce qu'elle a été associée à ETA ? Le voile antiterroriste aurait fonctionné comme un écran de fumée sur l'histoire même de la lutte antinucléaire ? Ce n'est pas absurde, la méthode est rodée. Si c'est le cas, tu as bien raison : Lemoiz est à vous. J'ai lu tes livres qui m'ont un peu bouleversée, je dois te l'avouer, il est peut-être temps que je vienne te voir pour en discuter. *J'arrive en suivant,* comme dit Ebia, je serai donc là lundi matin. Si ça te va, rendez-vous dix heures à... comme d'hab !

Agur, salut.

Lili

II. Approche

« Vandellós-1 : une histoire bizarre »

« En 1964, le général de Gaulle, président de la République française, et le général Franco acceptaient que la France puisse fournir à l'Espagne des réacteurs et de la technologie nucléaires. La compagnie franco-espagnole Hifrensa était créée pour construire et exploiter, à 40 km de Tarragone, un réacteur de 500 MW, jumeau du réacteur graphite-gaz Saint-Laurent-des-Eaux-A2. EDF détenait une participation de 25 % dans le joint-venture. Aux dires de Pedro Duran Farell, ancien dirigeant d'Hifrensa, Vandellós-1 n'aurait été construit que pour les intérêts militaires français. Son objectif principal n'était pas la production d'électricité, mais la production de plutonium-239 pour les besoins militaires. Sir Farell, aujourd'hui membre du "Club de Rome", qualifie Vandellós-1 de "meilleure usine de plutonium en Espagne"[1]. »

1. Wise Paris, « Investigation Plutonium », bulletin n° 16 juillet 1999.

Notre histoire commence arbitrairement en 1953. Cette année-là, des accords signés entre l'Espagne et les États-Unis assurent à Franco d'importants financements, en contrepartie de l'installation de bases militaires américaines sur le sol espagnol. L'échange de bons procédés favorise la signature, en 1955, d'accords de coopération nucléaire qui se traduisent, en termes de spectacle, par la participation de l'Espagne franquiste au programme intensif de propagande nucléaro-démocratique *Atoms for Peace*[101]. Inaugurée en mai 1958, l'exposition itinérante « Átomos para la Paz » présente ainsi au grand public les bienfaits de l'énergie nucléaire, avec les mêmes arguments que partout ailleurs : promesse d'un miracle agricole, médical, biologique, économique et domestique.

Atomos para la Paz – Source : Fondo Medios de Comunicación Social del Estado.

101. Xavier Roqué, « La conversión del átomo, ciencias nucleares e ideología en el franquismo », *Metode*, Université de Valence, 23 janvier 2017.

Pendant que se déroule un show nucléaire censé acclimater le grand public à l'idée de la *paix atomique*, le Generalissimo prépare l'inauguration d'un petit réacteur de recherche situé en plein cœur de la cité universitaire de Madrid. Le programme « secret » *Islero*, destiné à fabriquer les premières bombes nucléaires espagnoles, prend son envol en 1963, à la même période que le programme nucléaire dit « civil ». En 1965, par l'intermédiaire de compagnies privées, Franco fait commander deux centrales nucléaires américaines, l'une Westinghouse, l'autre General Electric, qui démarrent respectivement en 1969 et 1970[1]. En l'absence d'accords de « retraitement »[2], ces installations ne produisent pas le plutonium militaire dont le programme *Islero* a besoin et Franco doit donc trouver un fournisseur suffisamment peu scrupuleux pour lui permettre d'accéder au précieux actinide, nonobstant bien sûr la politique militaire officiellement « non proliférante » des État-Unis et de leurs alliés. L'affaire est délicate. Il faut un fournisseur qui soit en suffisamment bons termes avec les Américains pour que le projet ne nuise pas aux accords diplomatiques déjà passés ; un fournisseur assez intéressé, aussi, pour offrir des prix intéressants ; un fournisseur que la nature pour le moins répressive du régime franquiste n'effraie pas, un homme d'expérience, en somme. Par chance, Franco n'a pas besoin d'aller très loin pour satisfaire sa quête ; il trouve son complice juste de l'autre côté des Pyrénées.

1. Ces informations sont peut-être fausses, ainsi que toutes celles qui figurent dans ce chapitre. C'est le parti pris subjectif à l'œuvre dans ce récit : la date, les données techniques, les sources, tout est indicatif. C'est l'histoire de Lemoiz, qui reste à écrire, quarante ou cinquante ans après le début du chantier.

2. Derrière le mot trompeur de « retraitement », qui évoque l'idée du recyclage, se dissimulent en réalité des activités industrielles militaires de production de plutonium, à partir des combustibles sortant des centrales nucléaires.

En 1966 est décidée la construction du réacteur de Vandellós-1, dont l'exploitation est assurée par l'entreprise Hifrensa, un consortium hispano-français. Il s'agit d'un réacteur de type «graphite-gaz», tout à fait semblable aux unités A1 et A2 de Saint Laurent-des-Eaux, qui connaîtront de graves accidents en 1969 et 1980. Vandellós-1, situé en Catalogne, sur la côte, tout près de Tarragone, terminera lui aussi brutalement son existence lorsqu'un important incendie endommagera sa turbine de façon définitive. L'événement sera plus tard classé au niveau 3 sur l'échelle INES, correspondant au degré dadaïste de l'«incident grave[1]». Mais pendant dix-sept ans, entre son démarrage en 1972 et sa fermeture après l'incendie de 1989, Vandellós-1 a très probablement fait ce qu'on lui demandait: produire du plutonium, peut-être par l'entremise d'un accord de retraitement des combustibles à l'usine française de Marcoule, dans le Gard. Les histoires nucléaires de la France et de l'Espagne sont intimement liées, pour la raison évidente qu'elles achètent au même fournisseur, ou, pour le dire autrement, que leurs terres sont exploitées par les même propriétaires nucléaires.

À partir de là, Lemoiz est en vue. Pour son volet dit «civil», le projet nucléaire espagnol prévoit la construction d'innombrables centrales de conception américaine. Le «Plan énergétique national» (PEN) de 1969, sa révision en 1973, puis le dernier grand plan franquiste de 1975 prévoient la construction de plus de vingt centrales et quasiment quarante réacteurs nucléaires en Espagne. Dans ce projet de

1. Selon les experts, le niveau 3 de l'échelle INES, «Incident grave», implique l'existence de faibles rejets hors du site nucléaire et une contamination grave ou des effets aigus sur la santé d'un ou plusieurs travailleurs de la centrale.

Illustration de «Bien» n° 8, bulletin antinucléaire de catalogne, sept.-oct. 1979
Source: Lazkaoko Beneditarren Fundazioa (LBF).

nucléarisation massive, Lemoiz est aux avant-postes: c'est le premier réacteur à être mis en chantier au Pays basque.

En réalité, si le programme de Franco avait abouti, la côte basque aurait été littéralement *recouverte de réacteurs:* Lemoiz I et Lemoiz II pouvaient, à terme, être rejoints par deux autres réacteurs sur le même site. Deux unités étaient aussi prévues à Punta Endata (Itziar Deba), deux autres encore à Ogella (Ea Ipazter), qui pouvaient être ultérieurement complétées par quatre autres, ainsi qu'un réacteur à l'intérieur des terres, à Bergara (Argetas-Tutera). Au total, il y aurait donc eu entre sept et treize réacteurs nucléaires au

Pays basque, dont la plupart étaient situés sur la côte, à proximité immédiate de l'agglomération de Bilbao. À titre de comparaison, la superficie approximative du Pays basque est d'environ 20000 km² pour 3 millions d'habitants, ce qui en fait un espace comparable à la région Bretagne, qui compte environ 27000 km² pour 3,3 millions d'habitants, ou encore à la Normandie. Avec Lemoiz, il ne s'agit donc pas simplement d'implanter une centrale, mais bien de nucléariser tout un territoire. Dans ces conditions, l'État espagnol est fermement décidé à imposer Lemoiz, tout autant que ses opposants sont résolus à l'en empêcher. C'est une structure constante que nous retrouverons tout au long des différentes phases qui se succèdent dans ce conflit, de 1972 à 1982. Mais les enjeux politiques se modifient dans le temps, ainsi que les forces en présence. Au moment où débute ce récit, Franco n'est pas mort et les manifestations ne sont pas autorisées.

III. Notes et traductions sur Lemoiz

1972-1975

U-u-u
Oilarrak kukurruku
zentral madarikatu
horrexek hilko gaitu
U-u-u, horrexek hilko gaitu
Xabier Amuriza[1], *Lemoiz (1980)*

1. Xabier Amuriza est un militant basque antifranquiste, bertsolari, né le 3 mai 1941. En tant que prêtre, il participe activement à l'occupation du séminaire de Derio en 1968 pour dénoncer la complicité de l'Église avec la répression franquiste. Il a passé plusieurs années incarcéré, comme prisonnier politique. Il a écrit une célèbre chanson à propos de Lemoiz, qu'il a interprétée à partir de 1980 et dont ce chapitre reproduit quelques extraits. La musique qu'il a utilisée est un air populaire du Pays basque, intitulé *A a a Ardo Gorri Naparra*. La version dont il s'est inspirée pour écrire la chanson de Lemoiz est celle d'Oskorri.

U-u-u
Le coq chante
Cette maudite centrale
Va nous tuer
U-u-u, va nous tuer

Localement, tout a commencé par un bruit de papier, une lettre furtivement glissée dans la boîte aux lettres de la mairie. Lemoiz est un petit village de la côte basque qui rassemble peut-être 700 ou 750 habitants, dont le conseil municipal est composé de trois pêcheurs et quatre paysans[1]. Le courrier qui vient d'arriver est celui du géant Iberduero, qui sollicite un permis de construire pour une centrale électrique. La missive est vague, précisant simplement qu'*en raison des caractéristiques spéciales de l'installation*, il faudra bien veiller à ce qu'il n'y ait rien autour d'elle, aucun autre bâtiment. Le nucléaire entre en scène sans se présenter et, dès ses premiers mots, veut faire le vide autour de lui. Les deux ermites qui, paraît-il, vivaient dans le périmètre vont bientôt devoir décamper. Nous sommes en Biscaye, sous Franco, un mardi 18 avril 1972.

Pour permettre une activité industrielle, le plan d'urbanisme doit théoriquement être changé préalablement à l'octroi du permis, car la zone est classée « rurale et parcs ». Mais la gymnastique administrative n'impressionne pas Iberduero et début août, la municipalité lui octroie un permis de construire « provisoire » et « sous conditions ». Ces conditions ne seront jamais remplies par l'entreprise, mais un permis est un permis. Dans la crique de Basordas, le chantier démarre.

1. Juan Luis Olaran Sustatxa, *El contubernio nuclear, Lemoiz*, Arabera, 2010, p. 32.

La crique de Basordas, à deux ou trois ans d'intervalle – Source : Eg[illegible].

Deux ans plus tard, le 14 mars 1974, selon la chronologie d'Eguzki, lorsque la direction générale de l'énergie du ministère de l'Industrie autorise officiellement la construction de Lemoiz, les travaux sont déjà largement avancés : les ouvrages de terrassement et la digue sont terminés, ainsi que les fondations de l'édifice. Lemoiz aura sa propre retenue d'eau, son réservoir. Le désastre sur la flore et la faune, ou ce qu'il en reste à ce stade, est total. Dans l'arrière-pays et les criques voisines, où logent des quartiers et des familles de pêcheurs, dire qu'on s'inquiète est un euphémisme. Le chantier avance comme un monstre froid. Le bâtiment qui doit accueillir les turbines est presque terminé, de même que l'enceinte métallique du premier réacteur. Celle de la deuxième unité commence à être montée. Sans autorisation définitive, sans étude d'impact, sans prise en compte des normes d'urbanisme, sans contrôle public et, semble-t-il, sans plan d'évacuation. Mais le nucléaire n'est pas légaliste.

Les possibilités de contrer ce type d'ouvrage dans l'Espagne franquiste, dont le régime politique est extrêmement répressif, sont encore plus limitées que dans la France gaulliste. À partir de l'été 1974, toutefois, l'opposition commence à s'exprimer publiquement. Les mairies de Deba, Elgoibar, Mutriku, Eibar, Soraluze, Zumaia, Orio, Zestoa, Getaria, Bergara, Arrasate ou encore Zarautz prennent des délibérations antinucléaires. La principale association écologiste de l'époque, l'AEORMA (Association pour la réglementation du milieu naturel), anime une table ronde le 31 août 1974, réunissant des militants antinucléaires et les maires des localités concernées par les projets de centrale. Les écologistes publient aussi un argumentaire de 38 pages destiné à contrer les arguments d'Iberduero.

En 1975, une gravure abstraite de l'artiste Txillida devient le symbole des antinucléaires basques. L'opposition trouve son slogan: «Ez, Ez, Ez! Zentral Nuklearrik Ez!» qui signifie «Non, Non, Non! Pas de centrale nucléaire, non!». Bientôt, la lutte contre la centrale de Lemoiz va prendre une ampleur soudaine, pour une raison historique: elle coïncide avec la fin de la dictature franquiste. Fin 1975, lorsque meurt Franco, il y a donc d'un côté un État espagnol décidé à imposer coûte que coûte le grand plan nucléaire prévu et de l'autre une population qui sort, ou entend bien sortir, de quarante ans de répression franquiste.

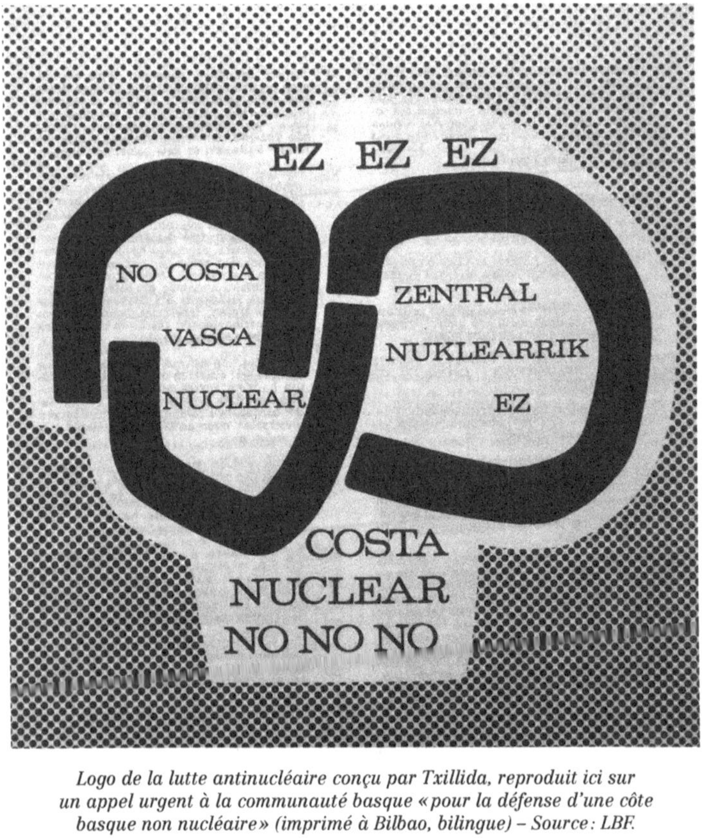

Logo de la lutte antinucléaire conçu par Txillida, reproduit ici sur un appel urgent à la communauté basque «pour la défense d'une côte basque non nucléaire» (imprimé à Bilbao, bilingue) – Source: LBF.

1976-1978

I-i-i
Sententzia Lemoizi
lenbizi jota hausi
eta gero ikusi
I-i-i, eta gero ikusi

I-i-i
Sentence pour Lemoiz
Premièrement, la casser
Ensuite on verra
I-i-i, ensuite on verra

En mai 1976 se constitue la Commission de défense d'une côte basque non nucléaire (« Comisión de defensa de una Costa Vasca no nuclear »), une coordination qui regroupe des associations de familles (de Lekeito, Mungia, Ea et Lemoiz), l'association culturelle Gaminiz (de Plentzia), des représentants de Bakio, des associations de voisinage de Bilbao, ou encore l'ordre des architectes basco-navarrais. Des comités antinucléaires se créent dans la plupart des villes et villages basques.

Ces comités ne viennent pas de nulle part, dans la mesure où préexiste par exemple en Biscaye un important mouvement *vecinal* (terme que l'on pourrait traduire par l'expression « mouvement vicinal » ou lutte de voisinage, de quartier). Dès 1969, des protestations ont ainsi eu lieu dans la localité d'Erandio, contre les émissions de gaz massives et incontrôlées produites par les usines locales. La répression policière y a déjà occasionné deux morts. Dans toute la région, industrialisation tardive et urbanisation chaotique contraignent les habitants à subir directement les conséquences des nouvelles usines, chimiques en particulier. C'est sur cette base populaire que s'est développé un important *front anticontamination* («frente anti-contaminación»), issu des assemblées de quartier. On les voit par exemple à l'œuvre en 1975 lors des mobilisations de la localité de Leioa, qui jouxte celle d'Erandio, luttant contre l'installation d'une usine de produits insecticides de la multinationale Dow Chemical. Le projet sera d'ailleurs abandonné. Dans la grande ville de Bilbao, où le nuage de *smog* est parfois intense, on organise à Santurzi une grande marche pour dénoncer la pollution. Dans le quartier combatif de Rekalde, la population lutte contre une déchetterie. Enfin, pour ne pas laisser croire que l'opposition nucléaire se serait structurée ex nihilo, il faut aussi avoir à l'esprit que les dernières années du franquisme ont été globalement très conflictuelles. Ainsi en 1974, en Biscaye, d'importantes grèves ont lieu, dans un climat parfois insurrectionnel[1].

Autour de ces deux pôles, commission & comités, dans ce moment particulier que constitue l'ouverture de la période politique dite «de transition», les luttes de Lemoiz sont prêtes à passer à l'action. Le 3 juillet 1976, la commission de défense remet au conseil général de Biscaye une pétition populaire exigeant l'arrêt immédiat du projet, qui a recueilli 150 000 signatures. Le 29 août de la même année, elle organise une manifestation à Plentzia-Gorliz qui réunit plus de 50 000 personnes venues de tout le Pays basque. En quelques mois seulement, la protestation qui s'élève autour du chantier de Lemoiz est devenue *massive et visible.* Jusqu'à l'été 1977, les opposants déposent des centaines de recours juridiques. Il est intéressant de constater que ces procédures proviennent de secteurs variés de la société basque : des

1. Jtxo Estebaranz, *Los pulsos de la intransigencia*, Muturreko burutazioak, 2008, p. 17-21.

associations culturelles, des fraternités ouvrières, des médecins et vétérinaires, des éditeurs, des associations d'anciens élèves, des centres sociaux, des clubs cyclistes, des clubs de montagne, des collectifs de pêcheurs, des enseignants de la faculté des sciences, des associations de pelote... Il faut dire aussi qu'au-delà même de la dimension impérialiste du projet, ou de sa nature nucléaire, les travaux d'Iberduero ont été d'une rare brutalité et ont véritablement dévasté les lieux. Deux millions et demi de mètres cubes de roche ont été excavés rien que dans la petite crique de Basordas, littéralement saccagée.

Illustration du n° 5 de la revue Ibaia, *mensuel du collectif antinucléaire du Guipuscoa (1979) – Source : LBF.*

Été et automne 1977

Le 3 juin 1977, trois engins explosifs endommagent le chantier de Lemoiz, sans faire de victime. Ce n'est probablement pas la première fois que des explosions se produisent sur le chantier, qui a connu divers sabotages depuis 1974. En revanche, c'est la première action revendiquée par ETA contre la centrale de Lemoiz. Deux semaines plus tard, la commission de défense annonce la tenue d'une grande manifestation, d'abord interdite, puis finalement autorisée à une date choisie par les autorités. Le 14 juillet 1977 se tient à Bilbao la plus grande manifestation antinucléaire jamais organisée au Pays basque, qui rassemble 150 000 personnes[1] pour exiger l'arrêt immédiat des travaux de Lemoiz. C'est plus que les 90 000 manifestants qui vont se réunir quinze jours plus tard, le 30 juillet 1977, à Creys-Malville. Il semblerait d'ailleurs que quelques militants basques et catalans aient fait le déplacement. Les échanges internationaux qui ont lieu dans cette période, qui avaient commencé dès 1975, permettent aussi d'étayer le mouvement antinucléaire basque. Celui-ci s'inspire, semble-t-il, de la France pour le travail des comités et de l'Allemagne pour les réflexions sur le binôme « nucléarisation-militarisation » de la société.

À l'automne, les attentats reprennent. Le 1er octobre, une bombe est placée dans une armoire électrique de la centrale. Le 18 décembre, un commando tente de s'introduire sur le chantier. S'ensuit une fusillade au cours de laquelle le militant d'ETA David Alvarez Peña

1. 150 000 personnes à l'échelle du Pays basque, qui compte environ 3 millions d'habitants, cela représenterait plus de 3 millions de manifestants antinucléaires à l'échelle de la France (3/0,15 = 60/3 = 20). Cela n'est jamais arrivé, mais il n'est pas dit que cela n'arrivera jamais.

est blessé par la garde civile espagnole[1]. Arrêté, il est conduit à l'hôpital, où il meurt le 14 janvier 1978. À compter de cette date, la bande sonore de la lutte change de tonalité et les explosions deviennent plus régulières. Le 14, les locaux d'Iberduero situés rue Getaria à Donostia sont détruits. Le 15, trois cocktails molotov endommagent ceux d'Azpeitia. Le 17, idem à Durango. Le 18, un commando autonome attaque les bureaux de l'entreprise à Tolosa.

Le 7 février 1978 a lieu le premier débat public entre Iberduero et la Commission de défense d'une côte basque non nucléaire, dans une église à Getxo, devant près de 2000 personnes. Lors de cet échange, réclamé de longue date par les opposants à la centrale, les responsables d'Iberduero sont mis en difficulté, n'apportant à l'usine nucléaire que des justifications économiques, sans répondre aux questions posées par le public sur les contaminations, le traitement des déchets radioactifs ou les plans d'évacuation en cas d'accident. Par la suite, Iberduero ne renouvellera pas l'expérience et ce débat public restera un événement isolé.

Devant une telle situation de blocage, les opposants organisent une grande journée d'action le 24 février 1978 : les bureaux de la compagnie sont occupés à Bilbao et Baracaldo. Ceux situés à Las Arenas sont attaqués au pied de biche et caillassés. À Lekeitio, 1 500 manifestants défilent et on dépose une pancarte devant la porte du domicile d'un responsable d'Iberduero, sur laquelle est inscrit un message le remerciant chaleureusement pour son effort visant

1. Le 20 décembre 1977, *Le Monde/AFP* évoque cet épisode de la façon suivante : « Au Pays basque, un commando composé de jeunes gens a ouvert le feu à la mitraillette dimanche et lancé des grenades contre le poste de police gardant la centrale nucléaire en construction à Lemoniz, à 20 kilomètres de Bilbao. Selon la police, un des assaillants a été grièvement blessé et se trouve hospitalisé. »

« Si je leur dis clairement ce que je pense, personne ne va voter pour moi. Personne ne vous a demandé d'être clair » (Ibaia *n° 3, 1979) – Source : LBF.*

à transformer la côte basque en *cimetière radioactif.* D'après la chronologie d'Eguzki, cette série d'actions est suivie, le 25 février, par des manifestations et des occupations de mairies qui se déroulent à Durango, Berriz, Mungia, Lekeitio, Sornotas, Bakio, Maruri, Ondarroa, Amoroto, Markina, Basauri, Abadiño, Lemoiz, Miraballes, Amorebieta, Leioa, Loiu, Laudio, Ordizia, Hernani, Bermeo. Le 28 février, ETA plastique des locaux d'entreprises électriques à Iruñea, Baracaldo, Gernika, Gasteiz, Amurrio, Zarautz, Deba, Azpeitia, Egia et Romo. Après cette séquence explosive, commission et comités s'affairent à préparer le rassemblement géant prévu pour le 12 mars, à Lemoiz même, au lieu-dit «La Troka» – qui se situe à trois kilomètres de la centrale. Plus de 100 000 personnes répondent à l'appel, malgré une pluie battante et le déploiement d'un lourd dispositif militaire (hélicoptères, jeeps, mitraillettes chargées et troupes en état d'alerte). Une soixantaine de bateaux de pêcheurs se joignent à la manifestation depuis la mer, inscrivant dans le paysage leur refus de la centrale et leur participation à la lutte.

Le générateur

Cinq jours après, le 17 mars 1978, ETA pose une nouvelle bombe sur le chantier. Cette fois, elle est placée dans l'enceinte même du réacteur n° 1 et elle explose directement à l'intérieur d'un générateur. Ce faisant, elle cause la mort de deux travailleurs, Alberto Negro et Andrés Guerra, et fait plusieurs blessés parmi les employés du chantier. Dans son communiqué du 23 mars 1978, selon Eguzki, ETA expliquera avoir prévenu la centrale par téléphone de la présence de la bombe trente minutes avant l'explosion, puis avoir fait deux autres appels à la radio de Bilbao, quinze minutes avant. De son côté, le journal conservateur espagnol *ABC,* dans son édition du samedi 18 mars 1978, mentionne un appel «quelques minutes avant l'explosion» qui n'aurait pas permis d'évacuer les travailleurs. La charge posée par ETA, composée de 70 kg d'explosif «Goma-2», a provoqué un trou béant dans l'acier d'un générateur de vapeur, l'une des pièces stratégiques du réacteur, qui se trouve ainsi gravement endommagé. Iberduero chiffre les coûts de réparation à 600 millions de pesetas et le chantier prend encore du retard.

Photo du générateur endommagé par l'attentat du 17 mars 1978, parue dans le n° 1 de [illegible]. Source : LDF

Les funérailles des deux ouvriers tués dans l'explosion ont lieu les 19 et 21 mars, dans une atmosphère tendue. Pourtant dès le 12 avril, Iberduero, qui fait face à une multiplication des alertes à la bombe, annonce qu'elle ne prêtera plus attention aux appels téléphoniques qu'elle jugera «sans fondement». Cela provoque une grande inquiétude parmi les travailleurs qui évoquent leur situation intenable dans un communiqué publié par les comités d'entreprise. Ils y dénoncent ce choix: «Iberduero a changé sa position initiale et rompu l'accord auquel nous étions parvenus, dont la base était que devant n'importe quelle menace d'attentat, le chantier serait évacué. [...] On refuse de nous communiquer les alertes à la bombe, sauf pour celles qui, selon Iberduero, méritent d'être prise en compte[1]. »

En juin 1978 a lieu un grand festival antinucléaire à Bilbao ainsi que des journées d'étude à Iruñea au cours desquels les participants discutent des avantages comparés de l'énergie nucléaire et solaire, entre autres sujets. Une véritable effervescence existe autour des questions politiques, qui intéressent de larges secteurs de la population. Mais les institutions politiques basques, alors naissantes, ne vont briller ni par leur courage politique ni par leurs convictions antinucléaires: le conseil général basque refuse tout référendum, se contentant de «recommander» à l'administration centrale de ne pas autoriser l'arrivée d'uranium sur le chantier.

Pendant cette période, plusieurs slogans de lutte coexistent. Le plus consensuel est *Lemoiz gelditu*: «Lemoiz, abandon». On peut souvent lire sur les banderoles un appel plus catégorique déjà croisé plus haut, *Lemoiz apurtu*, qui signifie «Lemoiz, destruction». La même idée prend parfois une forme encore plus sonore: *Lemoiz, goma-2,* (prononcer «Lémoïs, goma dos»), du nom de l'explosif à base de nitroglycérine utilisé par ETA lors de ses attentats.

---

1. « Informe de los trabajadores de Lemóniz» (1978), cité dans *El contubernio*, p. 102.

1979-1980

A-a-a
Aurrera doa gerra
ez litzake ederra
dena galdu beharra.
A-a-a, dena galdu beharra

A-a-a
La guerre continue
Ça ne serait pas joli à voir
Si on devait tout perdre
A-a-a, si on devait tout perdre

Le début de l'année 1979 est marqué par l'accident nucléaire de Three Mile Island, le 29 mars, près de Harrisburg aux États-Unis. Bien que les autorités le minimisent, l'événement provoque une forte émotion internationale. Au Pays basque, de nombreux opposants à l'atome y voient la confirmation de la dangerosité de cette énergie, démontrée sur le territoire américain, c'est-à-dire à l'endroit même où elle a été développée et commercialisée, où elle est censée être la plus absolument « sûre ». Le 23 avril, le conseil général basque accepte de soutenir le principe d'un référendum sur Lemoiz, généreuse intention qui ne se traduira jamais dans les faits. Le 27 avril 1979 a lieu une nouvelle manifestation, qui réussit une fois de plus le coup de force de réunir 100 000 personnes à Bilbao, sous un mot d'ordre cinglant, qui résume bien l'alternative radicale dans laquelle se trouve désormais placé le territoire : *Euskadi ala Lemoiz*, que l'on pourrait traduire par « Le Pays basque ou Lemoiz ». Autrement dit, soit le Pays basque réussit à *empêcher sa nucléarisation*, soit il disparaîtra purement et simplement en tant que territoire et, du même coup, en tant que projet politique.

Début mai 1979, Iberduero, qui ne perd pas espoir ou fait mine de croire à ses propres déclarations, annonce que la centrale nucléaire de Lemoiz entrera en service en mars 1981. Le générateur de vapeur percé par l'explosion de la bombe d'ETA a été envoyé en réparation et il revient par la mer, un an après, pour être réinstallé dans le réacteur. Mais le 11 mai 1979, les dockers décident en assemblée de boycotter le déchargement de la cargaison du *Covadonga,* dont fait partie le générateur de Lemoiz. Le navire attend plusieurs jours, les dockers basques tiennent bon et le *Covadonga* est obligé de faire route vers Bordeaux, dans l'espoir d'être déchargé. C'est sans compter sur la capacité d'organisation ouvrière : le 14 mai, sur les quais de Bordeaux, le bateau est également boycotté par des dockers français solidaires. L'affaire fait grand bruit et on dit que des dockers britanniques ont envoyé des télégrammes de félicitations et de soutien à ces actes de résistance ! Finalement, la cargaison du *Covadonga* est transférée de nuit, en toute discrétion, vers un autre navire qui s'appelle le *Noreña III.* Celui-ci est déchargé le 15 mai sur le quai d'une entreprise nucléaire de Santander, sous escorte armée, puis convoyé par route jusqu'à Lemoiz.

Le générateur de vapeur de Lemoiz revient de réparation – Source : Eguzki.

Le 3 juin 1979, journée internationale de lutte contre le nucléaire, un grand rassemblement est organisé à Tutera, une localité basque située en Navarre, à l'intérieur des terres. Le plan énergétique espagnol y prévoit la construction d'une centrale et des manifestants arrivent de tout le pays. La police tente de gêner leur accès, sans trop de succès, et le rendez-vous se déroule, selon la formule consacrée, dans une ambiance festive et revendicative. Des défilés sont organisés, ainsi que des expositions, des spectacles de danse, théâtre, des lectures, des parodies d'Iberduero et autres saynètes de maires corrompus. Les prises de parole militantes et les concerts se succèdent, non seulement pour dénoncer les dangers de l'énergie nucléaire, mais aussi pour protester contre le polygone de tir des Bardenas, une base militaire de l'armée de l'air située en plein milieu d'une réserve naturelle de Navarre.

En début d'après-midi, alors que certains manifestants s'apprêtent à aller manger à l'ombre d'un parc ou sur les berges de l'Èbre voisine, la police et la Guardia Civil arrivent massivement et commencent à disperser les quelques milliers de personnes présentes. Cris, balles, panique générale durent un bon moment : des organisateurs tentent de négocier, en vain. Alors qu'elle participe à un sit-in pacifique pour protester contre la répression, Gladys del Estal est mortellement blessée par un officier de la Guardia Civil, d'une balle reçue à bout portant, dans l'arrière de la tête. Son corps s'abat sur le sol. Bientôt, la nouvelle se répand partout : Gladys est morte.

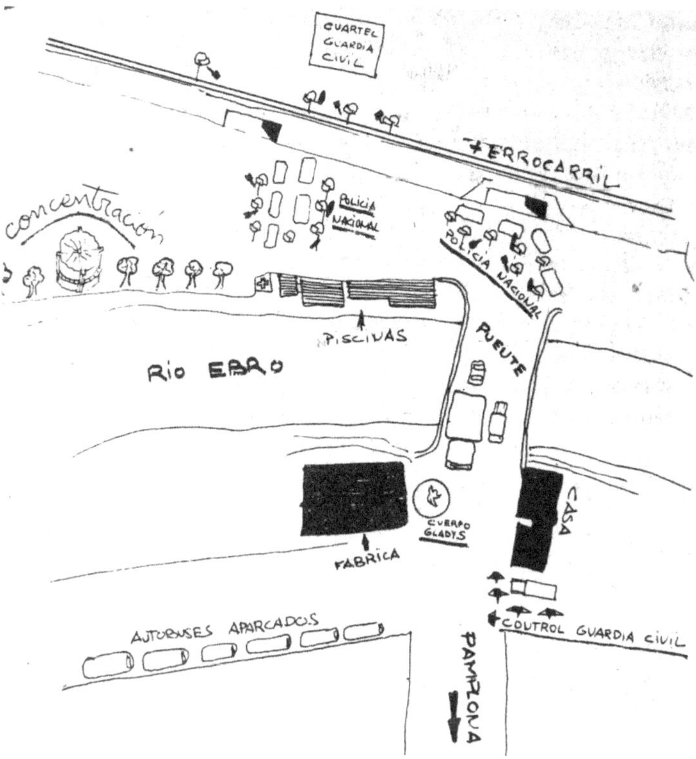

Plan de situation de la mort de Gladys del Estal paru dans un numéro hors-série de Ez Ez Ez *(1979). Source : LBF.*

Le journal *Le Monde,* sans doute sur la base des dépêches disponibles, évoque l'épisode en ces termes dans son édition du 5 juin 1979 : « En Espagne, une jeune Vénézuélienne de vingt-quatre ans, Ladi del Estan, a été tuée d'une balle dans la tête, le dimanche 3 juin, lors des manifestations antinucléaires de Tutera, dans la province basque de Navarre ». Une dépêche AFP du 14 août 1979 mentionne des mois plus tard, au détour d'une formule, « Gladys Del Estal, une jeune fille tuée en juin dernier à Pampelune lorsque la police avait chargé une manifestation antinucléaire ». En quelques phrases, *Le Monde* et les agences ont ainsi réussi à enlever à Gladys del Estal: son prénom, son nom, son identité basque, sa qualité de militante antinucléaire, et même, finalement, le lieu de sa mort. On est là face à un véritable *record de journalisme*. Il faut croire que l'histoire des luttes basques fait, quand elle arrive en France, comme certains nuages verts: elle s'arrête à la frontière.

Un portrait[1] de Gladys del Estal récemment publié par le journal *Argia* permet d'en savoir un peu plus sur la personne qu'elle était. Si j'ai bien compris, car l'article est en basque et il est très dense, ses deux parents, Enrike del Estal Añorga et Eugeni Ferreño Rodriguez, sont basques. Enrike, son père, s'est battu aux côtés du parti communiste dans le bataillon Maebe. Il a connu ensuite les camps de concentration et le travail forcé. Le père d'Enrike a été emprisonné à Montjuïc, son grand frère tué à Burgos pour avoir écrit dans des journaux de gauche. Enrike s'exile au Venezuela.

De son côté, la mère de Gladys, Eugeni Ferreño Rodriguez, était syndiquée. Son nom apparaît dans des listes de soutien au journal *Euskadi Roja*, «Pays basque rouge». Le père d'Eugeni a été fusillé. Elle aussi rejoint Caracas, après la guerre civile, et donne naissance à Gladys en 1956. En 1960, alors que la petite fille est âgée de quatre ans, sa famille revient à Donostia, où Gladys passera sa vie. Elle y fait des études d'informatique, après lesquelles elle commence un cursus de chimie, avant de lui préférer la biologie. Elle finance ses études en travaillant comme programmatrice informatique dans une petite entreprise. Militante antinucléaire active, elle donne aussi des cours pour adultes à des personnes qui souhaitent

---

1. Urko Apaolaza Avila, «Eguzkiaren alaba hil ziguten», in *Argia*, 31 mars 2019.

s'inscrire à l'université et anime des ateliers d'écologie pour enfants. Elle avait, dit-on, participé à l'organisation du bus pour venir à la manifestation de Tutera. Mais sur le trajet du retour, son siège est resté vide. Voilà donc pour la « Vénézuélienne » : Gladys était une militante écologiste basque.

Devant les tribunaux, le militaire qui a tué Gladys expliquera qu'elle a tenté de saisir sa mitraillette, ce qui l'a déséquilibré, et que le coup est de ce fait, comme chacun peut très bien le comprendre, en quelque sorte parti tout seul. L'officier a été condamné à 18 mois de prison, pour avoir commis une « imprudence » ayant entraîné la mort. Les amis de Gladys et des témoins présents le jour des événements affirment que l'histoire de la mitraillette est une pure invention, un mensonge. En tout cas, en 1982, puis en 1992, l'officier dont la balle est partie toute seule a été décoré des médailles de la Guardia Civil pour ses loyaux services.

Dernière photographie de Gladys del Estal avant sa mort, lors d'une manif à vélo à Donostia – Source : Argia.

Lorsque la nouvelle de la mort de Gladys se répand, des émeutes ont lieu à Tutera, Iruñea, Pasaia, Irun et Bilbao. Le lendemain, la colère gronde dans tout le pays. Une grève générale est organisée à Tutera, on exige la démission du ministre de l'Intérieur et du gouverneur de Navarre, le jugement des responsables militaires, l'abandon des projets nucléaires ! Et le retrait des forces répressives. Le 5 juin, Gladys est enterrée à Donostia, des affrontements avec la Guardia Civil et la police ont lieu toute la journée, selon Eguzki.

Les explosions reprennent. Le 7 juin, des pylônes d'Iberduero sont plastiqués à Laukiniz par les commandos autonomes. Le 13 juin, un commando d'ETA place une nouvelle bombe sur le chantier de Lemoiz, cette fois dans une turbine. Alors que l'ensemble du chantier a été évacué, l'explosion tue Angel Baños Espada, un ouvrier de 46 ans, resté à son poste. Les sirènes n'étaient pas été assez puissantes pour être entendues ? Peut-être n'ont-elles pas correctement fonctionné ? Parmi les salariés, l'inquiétude est grande. L'enterrement d'Angel Baños Espada a lieu à Plentzia, le 15 juin. Le 19 juin, les travailleurs de Lemoiz demandent une inspection générale du chantier, une vérification de l'état de toutes les sirènes, ainsi qu'un positionnement clair des autorités sur l'avenir des travaux de Lemoiz. Le 26 juin, Iberduero menace de fermer le chantier.

Pendant l'été 1979, les antinucléaires préparent la grande « marche de Lemoiz », qui porte des valeurs de désobéissance civile et se compose de deux colonnes : la première, du nom de « David Alvarez », part de Bayonne le 24 juillet. La seconde colonne s'appelle « Gladys del Estal » et s'élance de Tutera le 28 juillet, à bicyclette. Elle doit parcourir plusieurs centaines de kilomètres. D'autres cortèges plus modestes partent de différents endroits du pays, tous prévoyant de converger à Lemoiz. Dans les jours qui suivent, les manifestants sont littéralement harcelés par la police et les marches sont partiellement interdites. Les colonnes font l'objet de charges, les banderoles sont confisquées, des militants sont détenus et blessés. Le 12 août, entre 20 000 et 30 000 personnes se retrouvent à proximité du chantier de Lemoiz pour des prises de parole, des hommages, des appels à la désobéissance.

Commence alors une phase intense d'actions locales, souvent organisées par quartier et de natures très diversifiées. Un jour, on met en scène une parodie d'« enterrement d'Iberduero » ; le lendemain on appelle les voisins à résilier leurs autorisations de virement pour le paiement des factures d'électricité ; une autre fois encore, il y a *apagón*, appel à éteindre les lumières à une heure précise et à se présenter aux fenêtres, ou dans la rue, avec tous les ustensiles bruyants possibles. L'idée est de mimer une alerte nucléaire et, à cette occasion, de manifester sonorement un soutien populaire à la lutte ; une autre fois encore, on sature les standards d'Iberduero à heure dite ; il arrive aussi qu'on construise une belle maquette de Lemoiz, qu'on l'escorte jusqu'à une jolie place publique où elle termine son existence dans un feu de joie ; partout, les occupations, les réunions d'information, les « fêtes antinucléaires » et les manifs à vélo se succèdent à un rythme effréné. Ces actions de désobéissance civile coexistent avec la lutte armée, comme ont coexisté les portraits de Gladys del Estal et David Alvarez à l'arrivée des marches de Lemoiz. Tout au long de l'année 1979 ont lieu des dizaines de plastiquages de pylônes, postes électriques, véhicules. Le 11 novembre 1979, ETA pose 50 kg de dynamite dans une usine de Santander, qui produit des équipements pour la centrale de Lemoiz ; le 3 février 1980, un autre attentat détruit huit cents accumulateurs destinés à Lemoiz dans les locaux d'une entreprise de Gasteiz.

Le printemps 1980 est marqué par l'essor d'une action : l'impayé. Le 4 mai 1980, cent quatre-vingts élus déclarent publiquement qu'ils ne régleront plus leurs factures d'électricité. L'initiative remporte un certain succès et d'autres élus les rejoignent dans les jours qui suivent. Des associations et des municipalités participent aussi à ce mouvement de boycott d'Iberduero. La municipalité de Zizurkil est menacée de coupure, l'association des familles de Santutxu se voit privée de courant. Un célèbre médecin militant dont le cabinet a été privé d'électricité examine paraît-il ses patients à la lampe à gaz. Un parlementaire du parti de gauche indépendantiste Herri Batasuna décide de rétablir lui-même le courant en descellant son compteur. Il fait cela publiquement, en expliquant la portée politique de son geste. Cela devient presque un jeu : les comités antinucléaires « rendent » l'électricité aux familles, élus, organismes, à qui Iberduero refuse de fournir du courant, parce qu'ils ont cessé de payer leurs factures. Une même famille de Donostia se verra ainsi, dit-on, remettre l'électricité sept fois d'affilée !

« Téléphone à Iberduero et laisse le combiné décroché », affiche de fabrication artisanale – Source : LBF.

« Vive le Pays basque libre !
Vive le Pays basque antinucléaire ! »

À la même période, l'expédition du montagnard basque Martín Zabaleta réussit l'exploit sportif de gravir l'Everest, à une époque où seuls cinq ou six pays y sont parvenus. Le 14 mai 1980, lorsqu'il atteint son but, il pose avec son équipe devant quatre drapeaux. Au sommet du piquet, touchant les nuages, flotte un petit drapeau du Népal. L'ascension n'aurait pas été possible sans Pasang Temba, le montagnard népalais qui a accompagné l'expédition. Juste au-dessous, on peut deviner un drapeau basque sur lequel figurent, côte à côte, le serpent enroulé autour d'une hache emblème de l'organisation ETA, ainsi qu'un soleil rouge sur fond jaune, symbole international des luttes antinucléaires, entouré de la formule consacrée « Nucléaire, non merci ! », écrite en basque. Encore au-dessous flotte un autre drapeau antinucléaire, d'un jaune vif et de grande taille, avec le même symbole solaire et le même slogan. L'ensemble se termine par un quatrième et dernier drapeau, basque encore, sans signe distinctif apparent. Au cas où le message politique n'aurait pas été assez clair, les premiers mots du sportif, retransmis par radio, sont les suivants : « ¡ Gora Euskadi askatuta ! ¡ Gora Euskadi antinuklearra ! » : *Vive le Pays basque libre ! Vive le Pays basque antinucléaire !*[1]

1. La citation est donnée par Eguzki, mais on trouve différents récits de cette épopée, qu'il serait intéressant de croiser sur le plan historique. Ce qui est absolument certain, c'est que l'expédition a déployé un drapeau basque et un drapeau antinucléaire au sommet de l'Everest, le 14 mai 1980.

Everest, 1980 – Source : Eguzki.

Deux semaines plus tard, le 3 juin 1980, a lieu le premier anniversaire de la mort de Gladys. Cette date sera célébrée chaque année par les antinucléaires de façon extrêmement constante et de diverses manières. De nombreuses manifestations, grèves, assemblées ouvrières ont lieu dans tout le pays. Dix jours plus tard, le Parlement basque, comme l'avait fait le conseil général de Biscaye, semble accepter le principe d'un référendum. Mais, à nouveau, ce ne sont que des belles promesses, qui ne se concrétiseront pas. À la même période, une dizaine de personnes s'installent aux alentours de la centrale et restent tous les jours pendant une heure devant l'entrée, pratiquant une forme de résistance certes pacifique, mais assez nette tout de même. L'ambiance est agitée parmi les travailleurs de Lemoiz, qui organisent des grèves, assemblées et manifestations. L'atmosphère sur le chantier est affreuse, comme en témoigne un communiqué de la coordination des comités d'entreprise publié à la fin de l'été, qui dénonce « le processus de militarisation » qui vise la centrale et ses travailleurs : fouilles permanentes, omniprésence de la garde civile et de vigiles armés, patrouilles autour des vestiaires.

Aux quatre coins du pays, les explosions continuent. ETA fait sauter un transformateur électrique d'Iberduero à Eskoriatza en juin, les commandos autonomes plastiquent un équipement similaire en juillet et, en août, ce sont les bureaux de l'entreprise à Eibar qui sont visés. Le 13 août, Iberduero annonce la fermeture de plusieurs de ses bureaux au Pays basque, en raison des attentats. Celui de Durango est incendié par ETA le 26 août et tout au long de l'automne 1980, de nombreux transformateurs et véhicules seront détruits de la même façon. Au mois de novembre, Iberduero lance une grande campagne de communication en faveur de Lemoiz, afin de renforcer ses appuis dans la presse et l'opinion publique. Avec des moyens nettement plus réduits, la lutte antinucléaire tente elle aussi d'occuper l'espace médiatique : le 7 novembre, 83 personnalités signent un « Manifeste du monde de l'art et de la culture du Pays basque » en faveur de l'arrêt du projet. Le 8 et le 9 novembre, un grand salon de Bilbao autour du thème « Lemoiz gelditu » (Lemoiz, abandon) permet d'accueillir près de 50 000 visiteurs, 702 musiciens et bertsolaris[1], 21 troupes de théâtre, de projeter 52 films et de présenter les œuvres de nombreux sculpteurs, peintres et artisans.

Du côté des travailleurs, en ce mois de novembre 1980, la répression fait rage. Des licenciements sont annoncés, des enquêtes ouvertes contre des ouvriers, des sanctions prononcées. Certains sont placés en garde à vue, leurs rassemblements violemment dispersés par la police. L'accès au chantier est parfois interdit par les patrons et certains craignent qu'Iberduero ne profite d'un lock-out pour introduire le combustible dans la centrale. Le 16 novembre, la zone de Mungia est déclarée « zone de sécurité militaire ». Le 3 décembre, la Direction générale de l'énergie du ministère de l'Industrie autorise Iberduero à entreposer des substances radioactives à Lemoiz. La commission et les comités appellent à la plus grande vigilance pour empêcher l'arrivée de l'uranium. Le temps presse.

Le 12 décembre 1980, le président Suarez se rend au Pays basque, où il écarte catégoriquement toute possibilité de référendum sur Lemoiz : « Notre position est claire. Le gouvernement parie fermement sur l'énergie nucléaire. Nous sommes contre toute consultation populaire sur ce sujet, qui relève de la compétence du gouvernement espagnol[2]. » Le 28 décembre,

1. Un bertsolari est un improvisateur et chanteur de poésie basque.
2. « Nuestra posición es clara, el Gobierno apuesta por la energía nuclear firmemente. Estamos en contra de cualquier consulta popular en este aspecto, y el tema es competencia del Gobierno español. »

dans la revue clandestine *Zuzen*, organe de propagande d'ETA, l'organisation indique qu'elle «dispose de moyens importants mais non illimités, qui doivent être utilisés en fonction des objectifs prioritaires». Le chantier de la centrale de Lemoiz fait partie de ces priorités. La tension est extrême.

1981-1982

O-o-o
Aizu, Iberduero
ez bakerik espero
hortan orain ez gero
O-o-o, hortan orain ez gero

O-o-o
Hé, Iberduero!
N'espère pas la paix sur ce sujet
Ni maintenant, ni jamais
O-o-o, ni maintenant, ni jamais

Tout le mois de janvier 1981 est rythmé par de fréquentes explosions sur des postes électriques et des transformateurs. Des occupations se déroulent aussi dans les agences de la Banque de Biscaye et de la Banque de Bilbao pour dénoncer leurs liens financiers avec Iberduero. Le 29 janvier 1981, alors que le couple royal effectue son premier déplacement au Pays basque, l'ingénieur en chef du chantier et futur directeur de la centrale de Lemoiz, José María Ryan, est enlevé et séquestré par ETA. Le 30 janvier, un ultimatum est lancé: soit le projet de Lemoiz est abandonné et la centrale démolie dans un délai d'une semaine, soit José María Ryan sera abattu. ETA indique que l'organisation a dû «procéder à un saut qualitatif dans sa campagne d'intervention armée contre Iberduero, étant donné l'attitude négative de cette entreprise et du gouvernement espagnol pour accéder aux justes revendications populaires sur la paralysation de Lemoiz». Ainsi, précise son communiqué, l'organisation a «pris la décision d'augmenter le degré d'intensité de son offensive armée, en s'attaquant non seulement à des biens matériels de cette entreprise monopolistique, mais aussi à l'une des personnes qualifiées qui mettent leurs connaissances scientifiques et techniques au service du capital». Un tel *saut qualitatif* laisse de nombreuses personnes sous le choc[1]. La semaine qui suit est terrible.

Le gouvernement déploie tous les moyens possibles pour retrouver l'ingénieur, sans succès. Le 1er février, l'armée est envoyée en renfort de la Guardia Civil pour protéger les installations d'Iberduero, s'appuyant sur une loi franquiste de 1967, qui prévoit ce type de collaboration dans des «circonstances spéciales pour protéger des centres stratégiques ou d'intérêt public». De nombreux militants antinucléaires engagés dans la lutte contre Lemoiz reçoivent les lettres d'un mystérieux «Comité de libération de Ryan», qui leur ordonne de demander publiquement la libération de l'ingénieur. La femme de José María Ryan apparaît à la télévision, désespérée, assise sur un grand canapé vert et entourée de ses très jeunes fils. Alors que le plus petit d'entre eux tente autant qu'il peut de sortir du cadre, elle lance un appel poignant pour que les ravisseurs laissent la vie sauve à son mari. L'air est lourd, très lourd.

Quinze mille personnes manifestent à Bilbao pour exiger la libération de Ryan et dire leur indignation devant les méthodes employées par ETA. Deux

1. À propos de l'assassinat de José María Ryan, la commission de défense écrira peu après: «Nous sommes consternés de ce qui vient de se passer [...] Le problème a atteint des niveaux étrangers à nos modes d'action» / «Estamos consternados con lo sucedido [...] el problema ha llegado a unos niveles ajenos a nuestros modos de actuación», in *Contubernio*, p. 118.

cent cinquante techniciens d'Iberduero signent une lettre ouverte dans laquelle ils s'engagent à ne pas mettre en service Lemoiz avant qu'un référendum soit organisé. Leur texte est semble-t-il publié par la commission de défense dans le journal *Egin*, proche de la gauche indépendantiste. L'ultimatum est maintenu. Le 6 février, ETA annonce que José María Ryan va être exécuté. Son corps sans vie est découvert à 22 h 40 sur un chemin entre Zaratamo et Arkotxa, dans le secteur indiqué lors d'un appel à la radio. Il a les mains menottées dans le dos, les yeux bandés. Il a été tué d'une balle dans la tête. Le 7 février, ETA publie un communiqué qui indique que « l'exécution de Ryan n'a pas été un acte isolé, mais correspond à l'ouverture d'un nouveau front d'action qui concerne tous les cadres supérieurs et les responsables d'Iberduero S.A. liés à la centrale nucléaire de Lemoiz[1] ».

Une grève générale[2] a lieu le 9 février dans quatre provinces du Pays basque pour dénoncer cet assassinat. Le 10 février 1981, Iberduero annonce une suspension temporaire des travaux de la centrale nucléaire. Le 12 mai, l'entreprise suspend 2 500 contrats de travail pour « raison de force majeure ». Au long du mois de février, les travaux reprennent progressivement, ainsi que les actions de sabotage contre les installations. Mais à ce moment-là, Lemoiz n'est plus au centre de l'attention. Une tentative sérieuse de coup d'État militaire,

---

1. « La ejecución de Ryan no es un hecho aislado, sino la apertura de un nuevo frente de actuación que afecta a todos los cuadros superiores y mandos responsables de Iberduero S.A. que se hallan vinculados con la central nuclear de Lemoiz », in *Apurtu*, p. 81.
2. *Le Monde* du 11 février 1981 indique que le mouvement a été extrêmement suivi, avec une grève « quasiment totale » en Biscaye et Guipuscoa. Dans *El contubernio*, en revanche, l'auteur note, p. 117 : « La grève eut très peu d'incidence » dans les trois provinces de la communauté autonome du Pays basque (Biscaye, Guipuscoa, Alava) et fut "quasi imperceptible" en Navarre ».

emmené par un colonel de la Guardia Civil, a lieu le 23 février 1981 à Madrid, dont le régime «de transition démocratique» est menacé de toutes parts. Le pouvoir central durcit encore son emprise militaire sur le Pays basque. Quatre bataillons de l'armée contrôlent les Pyrénées. La protestation reste vive et une nouvelle série de sabotages[1] a lieu contre des infrastructures, en février, mars, avril, mai. Lorsque arrive l'été, les explosions sont quasiment quotidiennes. Début septembre, la société Iberduero annonce qu'elle a comptabilisé plus de 250 attentats contre ses installations et ses locaux depuis 1978. Rien qu'en 1981, on peut compter plus de 100 attentats et sabotages revendiqués. Deux militants d'ETA ont aussi perdu la vie dans l'explosion des bombes qu'ils transportaient — sur l'ensemble de la lutte contre Lemoiz, quatre d'entre eux sont morts du fait de leur propre charge explosive, José Valencia Lerga, José Javier Alemán Astiz, Antxon Tolosa González et José Ricardo Barros Ferreiro ; à ces noms il faut ajouter celui d'Angel Mari Fernández du groupe «Iraultza[2]».

Dans ce contexte politique tendu, les mobilisations antinucléaires se poursuivent, souvent sans se déprendre de leur caractère festif : du 3 au 10 mai 1981 se déroule dans tout le Pays basque une «Semaine antinucléaire dans l'enseignement».

---

1. Des postes électriques sautent à Leioa et Gasteiz le 28 février, à Donostia le 7 mars, deux pylônes à Aretxabaleta le 10 mars, des transfos à Donostia le 14 mars. Explosion sur un transfo à Mundaiz le 15 avril, bombe sur des installations d'Iberduero à Eibar le 22, explosion d'un transfo le 23 à Aiete, d'un autre à Intxaurrondo le 27, de deux postes électriques le 3 mai à Calahorra.

2. «Iraultza» était un groupe révolutionnaire de Bilbao qui a pratiqué la lutte armée dans les années 1980, essentiellement contre des intérêts industriels capitalistes. Les Commandos autonomes anticapitalistes (CCAA) sont également apparus pendant cette période. La liste exacte des militants pratiquant la lutte armée morts dans l'explosion de leurs propres charges durant la lutte de Lemoiz est difficile à établir avec précision, en raison de l'imbrication des luttes et des multiples recompositions des groupes pendant la période historique considérée.

Le 9 juin, un « soleil antinucléaire » est placé sur la coupole du réacteur n° 2. Le 24 août commencent les « Journées internationales contre Lemoiz » avec des tables rondes, des « débats à l'air libre » (on n'en fait pas assez), des manifs à bicyclette, un campement, des pièces de théâtre, ou encore un « marathon de cinéma ».

Le 27 décembre 1981, l'entreprise Iberduero qualifie sa propre situation d'« insoutenable ». Dès le lendemain, le gouvernement lui rappelle froidement qu'elle est tenue d'assumer ses responsabilités. Le 3 janvier 1982, le journal *El País* titre : « Le réseau d'Iberduero est sur le point de s'effondrer, en raison des attentats[1]. » En réalité, les négociations sont intense entre la firme, qui sait qu'il lui sera impossible de poursuivre le chantier dans ces conditions, et Madrid, qui ne veut pas lâcher. Le 17 janvier, les tarifs de l'électricité augmentent de 12,6 %. Le 11 février, Iberduero menace officiellement le gouvernement espagnol de fermer Lemoiz. Le lendemain, un accord est trouvé avec le ministère de l'Industrie et Iberduero renonce à interrompre définitivement le chantier. Cinq techniciens supérieurs préfèrent toutefois abandonner leur poste et quitter le Pays basque, jugeant que la situation d'Iberduero « est problématique ». Un autre « accord » est alors négocié entre l'électricien, Madrid et les autorités basques. Cet arrangement écarte le référendum, le remplaçant par la création d'un organisme de contrôle fantoche et d'importants financements bien réels. Réponse sans appel de la commission : « On ne peut pas acheter le peuple. » Divers commandos continuent à pratiquer le sabotage, à raison de

1. « La red de Iberduero, a punto de colapso por los atentados », cité par Eguzki, p. 91.

quatre ou cinq explosions par mois en avril, mai et juin. Pendant cette période, un nouvel attentat se déroule le 5 mai 1982, jour d'entrée en vigueur des « accords » de Lemoiz. Ángel Pascual Mugica, l'ingénieur en chef qui a succédé à José María Ryan après l'assassinat de ce dernier, est à son tour tué d'une balle dans la tête par ETA. L'action a lieu alors qu'il est dans sa voiture et bénéficie d'une protection policière rapprochée. Désormais, le poste va être difficile à pourvoir.

Iberduero recommence à étudier très sérieusement la fermeture de la centrale. Le 10 mai, les techniciens du chantier annoncent des abandons de poste. Le 11 mai, 1 500 ouvriers se réunissent pour discuter de la situation. Le 12, Iberduero suspend provisoirement un certain nombre de contrats. Le 31 mai, un plan de licenciement frappe 2 500 travailleurs sous-traitants. Tout au long du mois de juin 1982, les luttes des travailleurs pour négocier le paiement des arriérés de salaires sont réprimées par la police, leurs occupations délogées, leurs manifestations violemment dispersées. Les antinucléaires subissent le même sort. Madrid n'a plus d'autre argument que la répression : cela ne sera pas suffisant.

Lemoiz est annulée

Le 2 septembre 1982, une loi-décret est publiée au bulletin officiel indiquant qu'à compter de ce jour, l'État espagnol devient l'opérateur de la centrale de Lemoiz. Grand seigneur et certainement satisfait des accords financiers obtenus, Iberduero indique sobrement qu'il s'agit d'une solution imposée pour des raisons d'intérêt public, que l'entreprise se doit bien entendu de respecter. Fin 1982, un gouvernement « socialiste » (PSOE) arrive au pouvoir. Le 13 octobre 1983, le Conseil des ministres décide de réduire de moitié la puissance nucléaire en voie d'installation dans la décennie à venir. Bien qu'elle ne soit pas nommée, il est évident — même pour *Le Monde* — que Lemoiz fait partie des centrales annulées. Dans son édition du 18 octobre 1983, il est ainsi précisé: «La décision du gouvernement socialiste ne fait qu'officialiser une situation de fait, la société privée Iberduero ayant dû renoncer à mettre en fonctionnement les installations après l'assassinat de deux de ses ingénieurs en chef, en 1981 et 1982.»

Peut-être, oui. Mais c'est un peu court, comme résumé. S'il est indéniable qu'une réelle panique s'est emparée des cadres d'Iberduero et des responsables du projet suite à la mort des deux ingénieurs, la lutte contre Lemoiz ne se résume pas à deux attentats revendiqués par ETA, ni même aux centaines de sabotages qui ont eu lieu pendant cette période. Une multitude d'actions de diverses natures politiques ont aussi été organisées pour s'opposer à Lemoiz. Il conviendrait de nuancer le récit en explorant le rôle de ces différentes entités et de restituer tout cela dans un espace politique plus large, celui du franquisme tardif et de l'immédiat post-franquisme. Il faudrait pouvoir raconter en détail et sur la base de témoignages directs le rôle important joué par les travailleurs de Lemoiz, dont certains ont par exemple déserté leurs postes, adopté volontairement et collectivement un rythme d'ouvrage ralenti ou encore égaré des pièces. Ces entraves à la production ont contribué à ralentir le chantier, permettant aux diverses formes de luttes de se maintenir assez longtemps jusqu'à ce qu'une conjoncture politique plus favorable à l'abandon se présente enfin.

IV. Zwentendorf en Autriche, Kalkar en Allemagne

Outre Lemoiz, il existe en Europe d'autres usines nucléaires dont la construction a été entièrement achevée, mais qui ne sont jamais entrées en service. C'est notamment le cas de la centrale autrichienne de Zwentendorf, près de Vienne. Son chantier commence en 1972 et s'achève en 1977. En 1978, la population autrichienne est consultée par référendum sur l'opportunité de recourir à l'énergie nucléaire et de mettre en service le réacteur. Elle répond « Non » à 50,5 %. Il s'agit d'une courte majorité, mais le gouvernement fait le choix de respecter cette décision et, malgré son coût élevé, la centrale n'est pas mise en service. Une loi votée le 15 décembre 1978 prend acte du vote et stipule « l'interdiction de l'utilisation de la fission nucléaire pour l'approvisionnement en énergie en Autriche[1] ». Les partisans de l'énergie nucléaire tentent bien sûr d'obtenir un nouveau référendum, mais les accidents de Three Mile Island et de Tchernobyl ne jouent pas en leur faveur. En 1999, une loi constitutionnelle « pour une Autriche sans nucléaire[2] » renforce l'antinucléarisme autrichien, en l'inscrivant directement dans la Constitution. Certains éléments du réacteur de Zwentendorf commencent à être vendus à l'Allemagne comme pièces détachées[3]. Depuis une dizaine d'années, la centrale se finance de diverses manières : elle est répertoriée dans les guides de voyage en tant que musée et accueille régulièrement des tournages de cinéma ; produit de l'électricité solaire, avec un petit parc de 2 300 panneaux photovoltaïques ; et sert,

---

1. Loi fédérale du 15 décembre 1978 « über das Verbot der Nutzung der Kernspaltung für die Energieversorgung in Österreich ».

2. Loi constitutionnelle du 13 août 1999 « für ein atomfreies Österreich ».

3. Laurence Monnot, « L'Autriche convertit sa centrale nucléaire fantôme… à l'énergie solaire », in *Le Monde*, 11 novembre 2008.

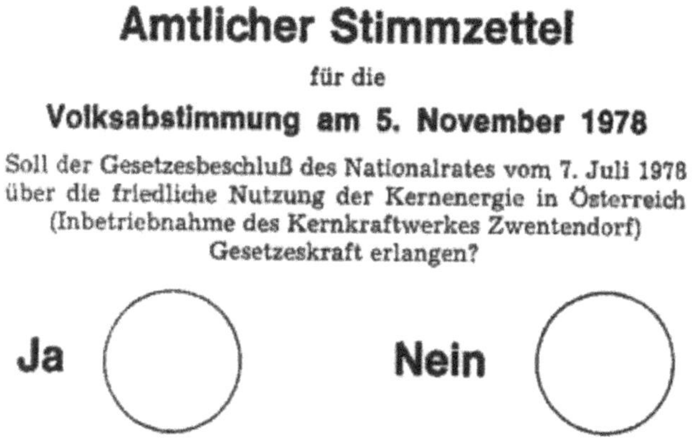
Amtlicher Stimmzettel
für die
Volksabstimmung am 5. November 1978
Soll der Gesetzesbeschluß des Nationalrates vom 7. Juli 1978
über die friedliche Nutzung der Kernenergie in Österreich
(Inbetriebnahme des Kernkraftwerkes Zwentendorf)
Gesetzeskraft erlangen?
Ja
Nein

Bulletin de vote pour le référendum autrichien de 1978 – Source : Wiki.

paraît-il, de lieu d'entraînement pour des techniciens nucléaires étrangers, qui viennent y apprendre la manutention.

Un autre réacteur prêt à démarrer mais qui n'a jamais reçu son combustible est le SNR-300 de Kalkar, à côté de Düsseldorf en Allemagne. Il s'agit d'un « surgénérateur » construit par Siemens à partir d'avril 1973, avec des financements allemands, néerlandais et belges. Son chantier ne s'achève qu'en 1985 et il est rythmé par d'importantes protestations populaires, dénonçant sa dangerosité et son coût élevé. En 1985, alors que le réacteur est enfin opérationnel, les autorités du Land de Rhénanie-du-Nord-Westphalie refusent d'accorder le permis d'exploitation à ce projet controversé. En effet, non seulement le surgénérateur est alimenté au plutonium, mais il est aussi refroidi par un métal liquide, le sodium, qui a la double propriété d'exploser au contact de l'eau et de s'enflammer au contact de l'air : inutile d'être membre du CEA pour comprendre que cela le rend redoutable. Face aux résistances que le projet soulève et aux graves incertitudes technologiques qu'il comporte, le gouvernement allemand, qui aurait légalement pu forcer le démarrage, n'en prend pas la responsabilité et choisit de repousser la décision aux échéances électorales suivantes. L'accident de Tchernobyl arrive sur ces entrefaites, la pression politique contre le démarrage se maintient au fil des ans. Le projet est officiellement abandonné en 1991. Quatre ans plus tard, la centrale de Kalkar est vendue à un investisseur privé. Elle se métamorphose en complexe touristique et parc d'attractions géant, ce qu'elle est encore aujourd'hui. Sa tour de refroidissement accueille ainsi un spectaculaire manège de « chaises volantes » ainsi qu'un mur d'escalade, sur lequel sont peintes de pittoresques montagnes. L'Everest, peut-être ?

La tour de refroidissement du surgénérateur SNR-300 de Kalkar, devenu parc d'attractions en 1995 – Source : domaine public.

V. Deuxième correspondance

Salut Eki,

Hor da Lili, c'est Lili !

Nola hiz, onsta ? Vas-tu bien ? Je dois te remercier cent fois pour la promenade que nous avons faite et tes prudentes explications. J'espère que mon long silence ne t'a pas inquiété. Figure-toi qu'en partant de chez vous, j'ai continué mes recherches. Tu avais raison ! J'ai trouvé un petit livre blanc du début des années 1960, édité par quelques étudiants révolutionnaires rouges, plein de grandes idées dans la tête. Voilà ce qu'il dit — tiens-toi bien — à propos du nucléaire : « L'utilisation pacifique de cette source d'énergie révolutionnaire est extrêmement intéressante en raison de son rendement élevé, par rapport au volume de matériau à importer[1]. »

Le nucléaire, une *énergie révolutionnaire* ! Le nucléaire, c'est pratique, ça tient dans la poche ou dans la manche — comme un livre programmatique. J'entends d'ici les cris : « Vive le Pays basque et son *indépendance énergétique !* » L'usage, bien sûr, en sera *pacifique*, mais tout le monde saura lire entre les bombes. Le nucléaire, vous dis-je, fera des prodiges ! Par mes yeux, voilà une suite d'arguments typiques de la propagande pro-atomique. On dirait du De Gaulle dans le texte.

Bientôt je t'enverrai quelques notes.

Je t'embrasse,

Lili

1. « La utilizacíon pacifica de esta revolucionaria fuente de energía, es interesantisima por su elevado rendimiento en relacíon al volumen de material a importar », dit ce petit livre blanc, p. 94.

Kaixo Lili !

Mais oui, ta trouvaille ne m'étonne pas. J'en avais discuté avec mon oncle, il me l'a toujours dit : au début, ETA s'était politiquement positionné contre cette centrale, *contre Lemoiz*, mais pas contre le nucléaire en tant que tel. Lemoiz incarnait l'industrialisation imposée par Madrid, Iberduero, les banques basques et les nationalistes conservateurs du PNV. Mais une *vraie centrale basque*, qui garantirait le développement industriel et l'indépendance énergétique, certains, au début, n'auraient sans doute pas craché dessus. Le communisme de l'époque n'était pas un antinucléarisme, comme tu le sais. Ceci étant dit, concernant ETA et sous réserve d'études historiques à venir, il me semble que cette orientation pro-nucléaire a été le fait de quelques personnes seulement, et de courte durée. L'organisation est ensuite devenue antinucléaire en côtoyant les comités et en choisissant de soutenir la lutte de Lemoiz. Dans une certaine mesure, il s'est passé quelque chose de similaire avec l'antimilitarisme. Au début, il paraît qu'on disait « la mili con los milis » : l'armée avec les commandos. Il n'était pas question de se faire réformer, tu penses… Il fallait aller faire son service, apprendre le maniement des armes, si possible dans les unités d'élite. Ce n'est qu'à la faveur des luttes de terrain, comme celle qui a donné naissance au mouvement d'insoumission basque, que la gauche indépendantiste est devenue antimilitariste. Tu imagines ça, ETA (militaire) antimilitariste ? Drôle d'équation, hein ? Je comprends que, *vu de l'étranger*, cela soit parfois difficile à suivre !

Bref, on raconte souvent que Lemoiz a été arrêtée parce qu'ETA a fait des attentats. C'est une façon de voir les choses. Il faut bien se rappeler, en tout cas, que les assemblées populaires, les voisins, les familles ont été vraiment antinucléaires, et cela, dès le début[1]. Ce sont ces collectifs qui se sont organisés de façon autonome à l'échelle des quartiers, qui ont proposé des réunions, des actions, qui ont fait front. Ensuite, il y a eu une phase de lutte très intense, pendant laquelle les comités locaux, les travailleurs, les municipalités, les commandos, la commission de défense, les écologistes : d'un coup, tout le monde est passé à l'action. Et comme tu t'en doutes, tout le monde n'a pas poussé dans le même sens. Encore heureux, d'ailleurs. Il y a eu, en permanence, et c'est bien normal, des discussions, mais aussi des dissensions majeures entre les composantes des mouvements de lutte, et, très régulièrement aussi, des scissions internes à chacune des composantes. Mais Lemoiz est tombée ! C'est incroyable, n'est-ce pas ? Lemoiz est tombée.

La non-nucléarité actuelle est fragile : un coup de vent, et hop ! C'en est fini du *pays non nucléaire*. Il y a ici tant de zones où il pleut à verse, tant d'endroits où l'on trouve brebis, lait, champignons, forêts, ce genre de choses, qui craignent les nuages radioactifs. Tu te représentes, Lili, si Lemoiz avait démarré ? Tu imagines l'état de la côte basque actuellement avec six réacteurs, les pieds dans l'eau, à quelques encablures de Bilbao ? *Quel enfer, mais quel enfer !*

J'ai hâte de lire tes notes.

Je t'embrasse,

Eki

1. Il faut dire aussi que les gens avaient vu construire la centrale nucléaire de Garoña entre 1966 et 1970, à quelques dizaines de kilomètres à l'ouest du Pays basque : ils savaient de quoi il s'agissait.

«L'écologie ou la mort» – dessin du Komik Nuklearrik Ez *(1979), comité antinucléaire d'Egia – Source: LBF.*

Quatrième partie : SOYONS INCONFINABLES

Cigéo, la relance ou le tombeau

De retour à Bure, dans l'infinie horizontalité de la Meuse et de la Haute-Marne, dans la pure verticalité du pouvoir de l'atome, nous surprenons l'État nucléaire qui s'active, absorbé par la préparation de sa sépulture : « Cigéo », un projet pharaonique d'enfouissement profond aux sonorités mortuaires. Le « Centre industriel de stockage géologique » n'est pas arrivé ici en solitaire. Le nucléaire a déjà fait son labo, tissé sa toile d'entreprises, dépêché ses hélicos, ses fourgons, ses machines, ses hommes d'influence et ses budgets sans fin, offert équipements et locaux aux municipalités candidates, distribué droit de chasse ou bail agricole, et semé la zizanie dans tout le voisinage. Il s'est installé. Pour l'instant, on n'entend pas trop creuser et il n'y a pas de matière radioactive sur le site. L'heure est à la préparation des dossiers du grand enfouissement impérial et à l'occupation politico-militaire de la zone. Face à cela, des opposants tiennent sur place une présence collective, ont racheté des maisons, organisé des rassemblements, investi le bois Lejuc et connu ensemble de beaux moments de poésie. Des murs sont tombés[1], des vidéos sont apparues sur la Toile, légères, ensoleillées, dansantes, puis

1. La « chute du Bure de Merlin » a eu lieu le 14 août 2016, pendant « l'été d'urgence ».

d'autres encore, enneigées, comme autant d'images de luttes et de saisons.

Mais d'où vient cette idée d'*enfouissement* et à quoi sert-elle ? Si on se contente d'observer les signes émis par le projet Cigéo, on se dit que les modalités d'ensevelissement ressemblent fort à un contrat d'obsèques et de mise en bière. Mais pour l'État nucléaire, qui se croit certainement immortel, il s'agit en fait d'un grand projet d'avenir. Gaspard d'Allens et Andrea Fuori l'expliquent bien dans *Bure, La bataille du nucléaire* : « [...] Cigéo est l'atout commercial qui donne l'illusion d'une maîtrise totale du "cycle". Il sert de prétexte pour relancer indéfiniment l'atome[1]. » Il ne faudrait donc pas se méprendre et imaginer le nucléaire comme étant résigné à sa propre fin, gérant rationnellement le stockage des montagnes de produits tueurs qu'il a accumulés en quelques décennies d'exploitation « civile », parce qu'il serait mû par des préoccupations sanitaires ou le souci des générations à venir. Non. Cigéo doit permettre de vendre un produit que plus personne ne veut acheter. Il a pour but de présenter une filière nucléaire enfin complète, de la mine à la gestion des déchets, pour enrichir l'offre de services du catalogue d'exportation et pour plaider en faveur d'une nouvelle génération de réacteurs nucléaires sur le sol français. Ainsi, du côté de l'industrie, l'enfouissement façon Cigéo n'est pas vu comme un terminus ou une dernière demeure, mais simplement comme l'achèvement d'un système global, l'incarnation d'une sorte de « maturité » de l'âge nucléaire, qui ferait désormais face à ses responsabilités en incluant une unité « poubelle » dans son offre commerciale. Mais

1. Gaspard d'Allens et Andrea Fuori, *Bure, la bataille du nucléaire*, Seuil / Reporterre, p. 15.

le projet Cigéo est également crucial aux yeux de l'industrie nucléaire pour des raisons d'ordre symboliques. Ce centre d'enfouissement peut en effet être considéré comme le dernier avatar d'une série d'installations nées de la grande promesse historiquement non tenue du nucléaire : le confinement des matières radioactives industrielles.

Mythe du confinement, réalité de la dispersion

Au commencement, en effet, lors du lancement des premières centrales, les experts juraient que toutes les matières industrielles dangereuses seraient enfermées à tout jamais dans des enceintes infranchissables dont elles ne sortiraient, bien entendu, sous aucun prétexte. Elles étaient censées être *technologiquement cloîtrées* par une brochette de savants en blouse blanche et quelques décideurs aux costumes sombres, épaulés par les forces armées. En réalité – et on les comprend – les matières radioactives ont eu tôt fait de déguerpir pour s'échapper des bidons approximatifs en compagnie desquels quelques esprits légers les avaient criminellement jetées à la mer dans les années 1970, laissées pour oubliées dans un coin de terrain vague ou discrètement transformées en remblai pour des travaux d'équipement[1]. Les matières dangereuses, ainsi, ont poursuivi leur chemin, empruntant cette voie béante et brutale que leur avait ouverte l'extractivisme, en les arrachant à leur confinement terrestre. Au lieu de la rétention éternelle promise par les publicitaires de l'atome,

---

1. Au Niger, par exemple, des stériles miniers radioactifs ont été utilisés comme matériau de construction : « De nombreux édifices publics, comme la maternité et l'école de Massango, émettaient de hauts niveaux de radioactivité [...] tous ces bâtiments avaient été construits à partir de stériles miniers », Gabrielle Hecht, *Uranium africain, une histoire globale*, *op. cit.*, p. 235.

nous avons donc commencé à assister au phénomène contraire. Villes et villages victimes d'armes nucléaires, usines accidentées et sous-marins disparus, terrains d'« essais » militaires, mines exploitées ou abandonnées, forêts ayant concentré des pluies radioactives, rivages et sources contaminées, sites de stockage en tout genre, laboratoires militaires, universitaires, médicaux : aujourd'hui, la *dispersion* des produits de l'industrie nucléaire est déjà manifeste et certaines concentrations se sont installées. Où en sont les eaux de Fukushima ? Mangez-vous toujours du poisson ?

Les blouses blanches, costumes et treillis (ainsi, manifestement, que leurs assureurs) savaient pourtant très bien ce qu'il en était de *l'étanchéité*, à terme, de leurs systèmes. Cela ne les a pas empêchés de lancer les grands plans nucléaires des années 1970. Il y avait alors eu assez de contaminations depuis les premières recherches sur l'atome pour que l'impossibilité d'un enfermement hermétique permanent de l'uranium et de ses dérivés soit connue des milieux « experts ». Malgré tout, un certain nombre d'États se sont lancés dans l'aventure nucléaire, par nationalisme et parce qu'ils ont été fortement incités à s'y engager dans le cadre des relations qu'ils entretenaient avec les États-Unis ou la Russie. Partout, sans aucun fondement scientifique, technologique, industriel, le *mythe du confinement* a continué à régner. Si l'on en croit les tenants de l'étanchéité, le pire aurait été évité à Three Mile Island, Tchernobyl serait sous le contrôle de ses « sarcophages » et les ruissellements de Fukushima coupés de l'océan, grâce à des pompes qui les capturent pour les contenir dans des réservoirs d'eau contaminée. Le geste qui toujours prévaut, celui que l'on continue à mimer de catastrophe en catastrophe, d'arrêt fortuit en incident normal, reste celui du confinement, tandis que la situation concrète, celle qui se manifeste à nous, est le début d'une irrépressible dispersion.

Bien sûr, toutes les sociétés ne sont pas égales devant ce mythe, ni devant les pratiques industrielles qui le nourrissent. Dans l'esprit de ceux qui l'ont forgé, le confinement, impliquant des dépenses importantes, n'est en effet pas à la portée de tous. Comme le raconte Gabrielle Hecht dans *Uranium africain, une histoire globale*, les États nucléaires n'ont donc pas hésité à organiser sur le sol africain la dispersion des matières radioactives et même, parfois, à la revendiquer. Dans les années 1980, au Gabon, le CEA a ainsi pu soutenir que « la dilution et la dispersion » étaient la seule méthode « praticable dans des conditions économiques acceptables et géotechniquement crédibles à long terme pour les pays africains que nous connaissons bien, et que nous ne voudrions pas voir "contaminés" par les mentalités qui prédominent dans les administrations nord-américaines[1] ! ». L'enjeu d'une telle théorie était bien sûr d'éviter que les Gabonais, voyant les réglementations nord-américaines exiger des déchets « confinés et contenus » plutôt que dispersés, ne réclament à leur tour l'enfermement des déchets. Tout en étant largement mythique, le confinement est donc aussi la marque d'un privilège colonial.

Pourtant, il n'est même pas nécessaire de remonter la longue et incomplète liste des « accidents » nucléaires mondiaux pour démontrer le caractère inopérant du concept de confinement dans le champ des industries nucléaires. Si les armements atomiques « confinent » leur charge, elles ont bien pour vocation première d'exploser, et donc de les libérer.

---

1. Gabrielle Hecht, *ibid.*, p. 228.

Officiellement, plus de 17 000 ogives sont stockées dans les neuf pays nucléarisés, auxquelles il faut ajouter cinq autres nations qui en hébergent sur leur sol[1]. Elles sont plus ou moins opérationnelles, sans doute, mais les matières qui s'y trouvent confinées sont prêtes à se répandre, sur injonction guerrière ou de façon impromptue. Par ailleurs, les installations nucléaires dites « civiles », même dans leur état de fonctionnement normal, produisent des matières dangereuses, bien sûr, mais occasionnent aussi des rejets radioactifs permanents, qui sont autant de dispersions. Cela est particulièrement manifeste à la Hague, dont les cheminées laissent s'échapper d'importantes quantités de gaz, et le tuyau marin, entre autres choses, du tritium[2]. Cette industrie implique par ailleurs des transports quotidiens, dont le protocole est tout sauf coupé du monde, puisque les matières hautement radioactives sont convoyées en camion et passent sur des routes étroites, au milieu des petits villages. Les conteneurs nucléaires prennent aussi le train, attendant de longs moments sur des rails pareils aux autres, dans des agglomérations densément peuplées, ou voyagent en bateau, y compris sur des

1. Chiffres donnés par l'ICAN en 2019, sur la base des chiffres 2013 de la *Federation of American Scientists*. Les neuf pays qui disposent d'ogives nucléaires sont : la Russie (8 500), les États-Unis (7 700), la France (300), la Chine (250), la Grande-Bretagne (225), le Pakistan (110-120), l'Inde (90 à 110), Israël (80), la Corée du Nord (moins de 10). Les pays qui hébergent des armes nucléaires sont : l'Allemagne, la Belgique, l'Italie, les Pays-Bas, la Turquie. Les États-Unis, précise l'ICAN, dépensent plus pour leur arsenal nucléaire que tous les autres pays combinés.

2. Voici ce que nous en disait Bernard Laponche, lors d'un entretien téléphonique réalisé le 20 décembre 2018 : « Pour la Hague, la quantité de matières radioactives rejetées est élevée. Tu as par exemple des gaz rares, qui partent directement dans l'atmosphère. Le krypton, il part ! Tu ne peux pas le capturer. Il y a les rejets dans l'atmosphère, et, surtout, comme je te disais, les rejets dans la mer. Là, tu as un grand tuyau, qui profite du fait que dans le coin, existe ce qu'on appelle le *Raz Blanchard*, un très fort courant de marée : c'est pour ça qu'on a choisi le site de la Hague, entre autres. » Cela prouve qu'en parallèle des grandes messes sur le confinement, c'est bien la dispersion des matières radioactives qui est en réalité organisée.

embarcations si rouillées qu'elles ressemblent plus à un vaisseau fantôme qu'à un convoi atomique. Un peu partout, donc, les matières radioactives se promènent, elles sont de sortie. L'armure de leurs conteneurs résisterait peut-être, avec un peu de chance, à un accident de la route, mais il est évident qu'elle ne peut que perdre son étanchéité à l'échelle du temps nucléaire : les dispersions sont inexorables. On appelle encore officiellement certains de ces éparpillements toxiques des « accidents », mais peut-on encore parler d'accident lorsque ces événements tendent à faire partie du cycle d'exploitation ? Les matières nucléaires s'échappent peu à peu de toutes les enceintes que les scientifiques et les bétonneurs ont conçues pour elle, plus ou moins vite, plus ou moins massivement, mais c'est une tendance générale. Elles se « libèrent », car en réalité elles n'ont jamais été vraiment piégées, simplement retenues, de façon imparfaite et temporaire, par quelques épaisseurs de sable et de métal. Dès lors, toutes les merveilles technologiques et les promesses de réclusion radioactive à perpétuité faites par l'État nucléaire sont, par principe, vaines. Celui-ci le sait aussi bien que nous, mais il compte sur l'effet de génération (« après moi, le déluge »). On s'en rend assez bien compte dans cette interview tirée du film *Les atomes nous veulent-ils du bien ?*[1], produit en 1974-1975 pour l'ORTF, où le journaliste questionne un responsable du « Centre de stockage de la Manche » sur la théorie industrielle du « non-rejet dans l'environnement » et ses implications temporelles :

1. Claude Otzenberger, *Les atomes nous veulent-ils du bien ?*, « Portrait de l'univers », ORTF, 1974-1975. Ce film, qui porte un véritable discours de contre-propagande nucléaire, devait initialement être diffusé en 1974, dans la foulée du plan Messmer. Dans un premier temps, il a été déprogrammé, certains intervenants s'étant plaints de l'usage qui était fait de leurs propos, jugés trop critiques à l'égard de l'industrie nucléaire. Un nouveau montage a été effectué et diffusé, semble-t-il, en 1975.

— Cela veut dire que pendant 24 000 ans, vous allez être tenus d'assurer une surveillance ?

— Je ne peux pas prévoir exactement ce qui se passera dans 24 000 ans et il n'est pas certain que beaucoup puissent le dire. Mais je pense que ce n'est pas tellement [tant] la période qui est importante que les conditions de stockage qui font qu'on a la certitude de non-rejet dans l'environnement.

— Mais pour être précisément sûrs qu'il n'y a aucun rejet dans l'environnement, il faudra bien mettre en place un dispositif de surveillance qui sera aussi long que la période des produits les plus longs ?

— On peut penser que si une surveillance, disons, exercée pendant 100 ans, permet de constater qu'il n'y a pas de rejets, cela veut dire que le stockage a été réalisé dans des conditions qui assurent toute sécurité.

Autrement dit : 100 ans, 24 000 ans, 240 000 ans[1], vous pouvez réfléchir à ce que vous voulez, moi je mets mes déchets ici. Au Centre de stockage de la Manche, en plein milieu d'une zone humide, la dissémination des radionucléides n'a pas attendu le *test du siècle* pour prouver l'inanité d'un tel ouvrage, qu'on aperçoit d'ailleurs, toujours dans le même documentaire, en toile de fond de l'interview. Des bidons rouillés s'y étendent à perte de vue, posés directement sur le sol ou sur une succincte dalle, certains conteneurs y apparaissent sans couvercle, d'autres sont percés. Le site du CSM, qui a été actif entre 1969 et 1994, est aujourd'hui officiellement arrivé « à saturation »

1. En effet, 24 000 ans n'est que la période, ou demie-vie, du plutonium – c'est-à-dire le temps qu'il faut pour que la matière perde la moitié de sa radioactivité. Il faut plusieurs périodes pour que le niveau de radioactivité baisse de façon significative, de sorte que, concernant l'activité des matières nucléaires, les échelles de temps peuvent légitimement être considérées comme infinies.

et a été passé en phase de « surveillance ». Il ne reste plus qu'à tenir jusqu'en 2094 et le tour est joué ! « On peut penser » qu'il n'y aura rien à signaler pour les 24 000 années suivantes, ni pour les millénaires suivants. Et puis assez de questions, allons, dispersion ! Dispersion !!

Nous plaisantons, mais, en vérité, la chose n'est pas si drôle. Songeons par exemple un instant à la situation dans laquelle se trouve le Cotentin et son complexe atomico-chimico-militaro-portuaire. En termes de radioactivité, rien qu'à l'usine de retraitement de la Hague, il y a l'équivalent de 113 cœurs de réacteurs qui barbotent dans les bassins[1]. On a beau resserrer les distances entre les combustibles pour en entasser un maximum, remplir les espaces vides autant qu'on peut, rien n'y fait. Les matières à « retraiter[2] » continuent à arriver plus qu'elles ne repartent : la Hague est pleine, les « piscines » débordent. Il faut dire aussi que les différentes et anciennes installations qui la composent sont plus souvent à l'arrêt qu'à plein régime. L'usine de plutonium UP2 est en cours de démantèlement pour une durée indéterminée (et un budget vertigineux), tandis qu'UP3 rencontre de sérieux problèmes d'usure, qui nécessitent actuellement des travaux de grande ampleur[3].

---

1. Jean-Claude Zerbib, « Usines de retraitement des combustibles irradiés de la Hague et leurs problèmes », *Global-Chance*, 31 mai 2018, p. 8.

2. Nous avons demandé à Bernard Laponche en quoi consistait exactement l'activité de la Hague. Voici sa réponse : « La Hague fait du "retraitement" — qui est en fait de la production de plutonium. Ce plutonium servait au début pour faire la bombe, mais ça, c'était il y a longtemps. Après, il y a eu le rêve des surgénérateurs, qui s'est foiré ! Et maintenant, il y a le Mox, qui ne présente aucun intérêt pour personne, même pour EDF » (entretien, 20 décembre 2018).

3. Pour la cohérence de la série : UP1 n'est pas située à la Hague mais à Marcoule, dans le Gard. Cette première usine de plutonium a fonctionné entre 1958 et 1997. En 2003, le démantèlement d'UP1 était estimé à 5,6 milliards d'euros et devait durer au moins quarante ans. L'installation a « retraité », semble-t-il, plus de 18 000 tonnes de combustible nucléaire, parmi lesquelles un certain nombre de colis en provenance de la centrale de Vandellòs (Catalogne).

Dans les environs de ces usines s'agglomèrent aussi diverses installations et activités nucléaires. En bordure de l'usine de retraitement, on trouve le centre de stockage de déchets de la Manche et ses bidons inétanches ; 15 km au sud, il y a les deux réacteurs actuels de Flamanville, et, peut-être bientôt, un EPR aux soudures imparfaites. À cela s'ajoutent les activités militaires et portuaires de Cherbourg, avec un arsenal spécialisé dans la fabrication de sous-marins à propulsion atomique. Comment a-t-on pu avoir l'idée de concentrer autant de matières radioactives sur un territoire aussi réduit ? Cent treize cœurs de réacteurs dans quelques bassins d'eau, cela veut dire évidemment un très grand « dangier », une forte emprise, une redoutable domination. Avec un tel degré de concentration nucléaire, un tel niveau d'armement[1], les voisins de la Hague sont certainement directement menacés, mais c'est aussi le cas de toute l'Europe. Dans ces conditions, il y a lieu de s'inquiéter et peut-être, même, de commencer à implorer les cieux ou de chercher sérieusement la protection d'un solide abri antiatomique. Mais avant d'en arriver là, il faut s'interroger sur la fonction du concept de confinement. Manifestement, il n'est pas là pour empêcher la dispersion des matières radioactives, mais il a peut-être d'autres usages, sociaux et politiques ? Puisque les États nucléaires n'ont pas pu, ni voulu, tenir captives leurs productions guerrières, n'ont pas réalisé industriellement *les mondes clos* dont ils se vantaient d'avoir la maîtrise technologique, c'est désormais directement à nous que s'applique l'injonction du confinement.

1. On peut considérer que le nucléaire perd son caractère civil dès l'instant où il contamine un être vivant. Il redevient alors ce qu'il n'a jamais cessé d'être : une arme.

L'Intérieur est partout

Aux côtés des industries de la chimie et des hydrocarbures, de la biologie, mais aussi du bâtiment ou encore de l'automobile, le nucléaire a largement contribué à définir et instaurer un régime disciplinaire qui constitue une phase avancée des pratiques d'enfermement et de contrôle – une *société du confinement*. Les personnes qui y vivent expérimentent un genre particulier d'isolement[1] : les espaces « extérieurs » qu'elles traversent tendent à devenir des espaces intérieurs. Alors que dans les modèles d'enfermement, la prison est envisagée comme une intériorité close et privative de liberté, dans une société du confinement, cette condition d'« être sous contrôle » devient la norme. Le rôle que jouait autrefois « la société » comme extérieur ouvert et désirable, par rapport au monde clos de la prison, tend à devenir inutile, à s'estomper (et, avec elle, l'idée que la liberté de circuler librement serait fondamentale). Les frontières s'épaississent, les grillages s'installent, les sas se ferment.

La formule « métro, boulot, dodo » a peut-être été une première intuition de cette nouvelle intériorité continue, car elle décrit bien une circulation entre des mondes certes ouverts entre eux, mais dont l'ensemble forme un univers clos sur lui-même. Plus près de nous dans le temps, le supposé *open space* est, comme son nom ne l'indique pas, un parfait exemple de spatialité fermée. Son intériorité close se perçoit elle-même comme ouverte, tandis qu'elle reste confinée dans un labyrinthe de parois isolantes et de plantes vertes mesquines. En quittant l'open space et en arrivant dans

1. Dans la mesure, bien sûr, où elles se conforment aux normes de ces sociétés.

un parking, pour monter dans une voiture ou un bus et rentrer chez soi, à quel moment est-on vraiment « sorti » ? Mais cela ne touche pas que les catégories « actives » du néolibéralisme. Dans les villages et les quartiers, même si le confinement est moins avancé, ses effets se font sentir depuis plusieurs décennies. Les enfants jouent moins dans la rue, il y a moins d'espaces communs où les mamies et papis peuvent prendre le soleil, moins de cafés animés, moins de discussions impromptues entre voisins. Les places publiques tendent à devenir silencieuses, désertées par les habitants confinés – pas partout, heureusement.

Lorsqu'on passe d'un espace intérieur à l'autre, lorsqu'on emprunte ce type de tunnel à géométrie variable, on n'évolue plus tellement en milieu « ouvert » ou « fermé », mais plutôt dans ce qu'il faudrait qualifier de « milieu mobile ». En parcourant des intériorités (logements, cafés, lieux de travail) et des pseudo-extériorités (transports, parkings, supermarchés, routes, stades, parcs, piscines), les déplacements se heurtent rapidement à un certain nombre de limites et de frontières : les *confins*, ces espaces qui se trouvent juste au bord de la fin, commencent à se faire ressentir. L'espace intérieur, qu'on imaginait infini, semble d'un coup plus réduit. La liberté de circulation, même pour celles et ceux qui jouissent encore théoriquement de ce droit, devient illusoire, dans la mesure où elle ne permet plus de sortir des interminables parcours qui ont été balisés pour nous en interne, à l'intérieur desquels nos engins pointent nos présences et absences, entre deux aires vidéo-surveillées. Autrement dit, même le fait de se *déplacer à l'intérieur des mondes* n'arrive plus à nous faire oublier que nous vivons dans un espace confiné, sans portes ni fenêtres. *Restez chez vous, respectez les ordres de confinement et attendez les consignes.* On étouffe ici, vous ne trouvez pas ?

Si *l'enfermement* se concentre sur le fait de contrôler les échanges (entre un prisonnier et son entourage, par exemple) et si *l'isolement* est une modalité d'enfermement qui tend à réduire drastiquement et temporairement la possibilité de ces échanges (mitard), *le confinement*, au sens où nous l'entendons, a pour objectif d'interrompre ces mêmes échanges, de les empêcher d'avoir lieu, sans limitation de durée (la radioactivité ne doit rentrer dans l'abri sous aucun prétexte, ni telle personne sous contrôle judiciaire partager l'espace de telle autre). Le but de l'opération consiste à obtenir un enfermement plus complet, tendant à abolir toute relation avec l'extériorité, jusqu'à faire oublier l'existence même de cet *ailleurs*. L'extériorité n'étant plus ni côtoyée, ni même représentée, elle tend alors à devenir distante, floue. Ce qui tombe plutôt bien pour les industriels, car pendant que tout le monde navigue entre les différentes sphères normées de l'Intérieur, les prédateurs industriels ont le champ libre au-« dehors » pour organiser attaques et pillages, autrement dit, conduire leurs projets. Militaires ou civils, nucléaires ou chimiques, les grands confineurs sont en tout cas tombés d'accord. Pendant qu'ils prêchent sur tous les tons les vertus de *l'hermétisme*, leurs pratiques y sont absolument contraires. Elles consistent à dévorer nos ressources collectives puis à répandre dessus, en partant, des produits toxiques, pour être sûr que cela ne soit plus jamais d'aucune utilité à personne[1]. Ainsi, espèrent-ils, nous serons

1. Outre cette politique de la terre brûlée, on peut observer divers mécanismes de cercle vicieux qui donnent à la situation un caractère plus dramatique encore. Le physicien Yves Lenoir formule le problème en ces termes, lors d'un entretien que nous avons eu avec lui en mai 2019 : « Dans les civilisations du confinement que tu évoques, un engrenage est actif : on règle les problèmes en *clôturant* le système, en définissant des normes de vie à l'intérieur de ce système. Et, au fur et à mesure qu'on empoisonne l'environnement, on est conduit, tout à fait naturellement et, en apparence,

bientôt les *clients captifs* de leurs prochaines offres et achèterons, un jour de grande soif, la bouteille d'eau contaminée qu'ils nous vendront à prix d'or.

Déconfinons !

> *« Ce que l'on étudie à Bure ce n'est pas le sous-sol, c'est nous, notre capacité à résister ».*
>
> *Claude, opposant à Cigéo*[1]

Dès les premiers développements scientifiques et militaires, puis à travers tous les mirages électriques de la modernité à l'américaine, et encore récemment jusque dans leurs tentatives pour imposer Cigéo, les promoteurs de l'atome ont toujours mis la notion de confinement au cœur de leur propagande : en situation « normale », la radioactivité est confinée ; en situation d'« accident », c'est la population qui doit l'être. Cette norme définit en quelque sorte le passage entre les deux mondes, sachant que le second n'adviendra jamais — voilà ce qui était officiellement prévu. Mais alors que les mondes se contaminent, la population qu'il faut cloîtrer c'est nous, et nous ne sommes pas seulement quelques centaines de malades contagieux. Nous sommes des millions, nous sommes *inconfinables* ! Cet aspect ne pose pas de problème majeur à l'État nucléaire. D'une part, il n'a jamais prévu de nous confiner réellement, mais plutôt que nous nous enfermions nous-mêmes dans des bâtiments auxquels

légitimement, à augmenter encore le confinement pour que les gens se protègent de plus en plus. » Cet aspect est fondamental : le mythe du confinement n'est pas un simple sophisme, c'est une idéologie qui masque un ensemble de pratiques destinées à permettre l'exploitation et la destruction des espaces. Comme ces destructions occasionnent d'importantes pollutions, l'injonction au confinement devient encore plus pressante, plus opérante, et la pression prédatrice sur « l'extérieur » peut alors s'exercer de façon encore plus destructive, jusqu'à devenir totale et irréversible.

1. Cité par Gaspard d'Allens et Andrea Fuori, *Bure, la bataille du nucléaire*, *op. cit.*, p. 33.

la législation impose des ventilations, ce qui est une vision relative et paradoxale du confinement[1]. D'autre part, nous sommes, pour la plupart d'entre nous, déjà suffisamment enfermés et, à divers degrés, isolés dans des espaces contrôlés depuis l'Intérieur, pour qu'il puisse se permettre de laisser se dérouler quelques interactions. Laissons-les se parler, cela fera de la matière pour les procédures.

Mais là encore, la prohibition des échanges est organisée de façon différentielle. La façon dont opère l'État nucléaire à Bure est emblématique d'une volonté de confinement brutal et total. Outre les multiples procès qui ont lieu depuis plusieurs années dans le cadre des luttes, les autorités ont ainsi trouvé matière à s'occuper, depuis 2017, en y créant une *association de malfaiteurs*[2]. Pour ce faire, dix personnes ont été «prélevées» dans des groupes d'opposants à Cigéo et leurs existences ont été systématiquement versées au dossier de l'association pendant plusieurs mois, dans l'espoir d'y trouver quelque crime à imputer à la lutte. Une enquête préliminaire s'est déroulée de juillet 2017 à juin 2018, puis une instruction a été ouverte, des perquisitions et des gardes à vue ont eu lieu. Une personne a été relâchée sans charge, deux autres ont été placées sous le statut de témoin assisté, et sept ont été mises en examen et soumises à un

---

1. Les télévisions locales diffusent parfois des reportages sur les exercices de «confinement» auxquels sont soumis les élèves dont l'école est située dans des périmètres de sécurité nucléaire. On y voit notamment des bacs de matériel d'urgence au fond desquels on trouve quelques masques à poussière, un peu de scotch, une boîte de sucre, et c'est à peu près tout. Même pour les enfants de maternelle à proximité de la Hague, la théorie du confinement ne semble pas être activement mise en œuvre.

2. Cette qualification ancienne, qui est apparue sous Napoléon puis a servi à réprimer les anarchistes dans le cadre des lois scélérates de 1893, a récemment été utilisée contre les inculpés de l'affaire de Tarnac, contre des zadistes, ou encore à Rennes, dans le cadre du mouvement social contre la loi travail. Sur cette question, on peut consulter l'article de Loraine Lavocat, «De Tarnac à Bure, l'"association de malfaiteurs" sert à réprimer les luttes», *Reporterre*, 30 mars 2018.

contrôle judiciaire qui leur interdit, entre autres dispositions, de voir les neuf autres. D'une telle procédure, il est résulté un isolement extrêmement intense, que les « malfaiteur-e-s » ont heureusement su contrer de diverses manières, mais qui a clairement eu pour objectif d'interrompre leurs activités politiques[1]. En effet, avec un tel « contrôle », il leur faut renoncer à un certain nombre de réunions, actions, réflexions collectives et relations amicales qui, avant qu'ils soient considérés comme des « malfaiteurs », constituaient leur existence. Ils doivent aussi faire des détours interminables en voiture pour éviter tel territoire, village ou département, dont ils ont été *interdits*. Au-delà même des personnes officiellement visées, c'est tout le mouvement d'opposition qu'il s'agit d'intimider, en l'assiégeant, en le harcelant, en pénétrant brutalement ses espaces intérieurs, ou encore en lui confisquant son matériel informatique[2]. Contre Cigéo, comme nous le faisait remarquer un militant, « c'est pas parce qu'on fait des choses légales qu'on a le droit de les faire ». Sans doute parce que le projet de Bure est un de ces laboratoires sociaux qui servent à faire évoluer le droit commun, comme l'ont été avant lui, entre autres, les politiques martiales mises en œuvre contre le « groupe » de Tarnac ou la ZAD de Notre-Dame-des-Landes. Chaque fois, le processus consiste à enclore un groupe[3] pour ensuite tenter de l'isoler par tous les moyens possibles du reste de la société.

---

1. « Bure, paroles de malfaiteur-e-s », *lundimatin n°167*, quatre témoignages vidéo, novembre 2018.

2. Les confiscations de « matériel » informatique constituent en réalité des vols, plus ou moins temporaires, de documents privés. Pour les personnes dont l'activité personnelle, professionnelle ou politique utilise massivement les supports numériques, la perte du « matériel » est souvent secondaire par rapport à la *perte d'intimité* que constituent ces appropriations punitives.

3. « Lorsque la SDAT commence, en général sous la forme d'une enquête

Le confinement, au sens où nous l'entendons ici, se manifeste donc comme un régime d'isolement à tendance totalitaire et à caractère militaire. C'est une organisation sociale suffocante, qui s'est construite autour d'un mensonge, celui de la *possibilité* même du confinement industriel durable des matières toxiques. Elle a fait de ce mensonge une norme, sur laquelle se sont édifiées les activités industrielles, et qui s'est prolongée dans l'automatisme disciplinaire d'une société de plus en plus *bouclée* de toutes parts. Ainsi, à l'image de ces nouvelles formes d'organisation sociale asphyxiantes, on voit désormais les manifestations se transformer régulièrement en nasses. On peut aussi penser aux derniers rassemblements contre la loi travail, comme celui du 23 juin 2016 à Paris, où le cortège en a été réduit à tourner autour du bassin de l'Arsenal, l'ensemble du parcours étant «circonscrit» à ce périmètre restreint. De ce point de vue, on pourrait peut-être interpréter les gilets jaunes comme un profond et brusque mouvement de *déconfinement* de la société française, un moment historique où des mondes intérieurs qui n'étaient plus sortis, ne s'étaient pas croisés depuis des années, ont soudain décidé de se rejoindre dans un nouvel espace commun, *en dehors* des cadres qui régulaient normalement leurs interactions sociales confinées. Cela a été manifeste en décembre 2018 et le choix du rond-point comme lieu de lutte, évidemment, a été particulièrement judicieux, puisqu'il incarne parfaitement la pseudo-extériorité, le lieu qui semble être «dehors» mais dont la circulation est tellement balisée de l'intérieur qu'on ne peut pas considérer les personnes qui l'empruntent habituellement comme y circulant

préliminaire, à travailler, à produire ses premiers PV, à loger des gens, tout ça, leur expression c'est "on *construit* un groupe".» Julien Coupat, *L'Humeur vagabonde*, France Inter, 17 février 2018.

«librement». On est *sur* un rond-point, considéré comme une surface. Que se passe-t-il lorsqu'on fait sur cette surface ce qui n'y est pas prévu, ou plutôt ce qu'il est prévu qu'on n'y fasse pas, à savoir, quand on s'y promène à pied, qu'on y passe du temps avec des voisins et des inconnus, qu'on y construit des cabanes, qu'on y danse et qu'on y partage un café? Le rond-point, alors, change complètement de statut territorial, de spatialité: on n'y est plus confiné au sein d'un véhicule pris dans des flux de circulation organisés par des ordres de déplacements routiers ou des rambardes. Au contraire, le rond-point devient une place publique, une agora, un espace ouvert. Il se *déconfine*. Cette intuition géniale des gilets jaunes n'a d'ailleurs pas été la seule. Le mouvement a aussi adopté comme vêtement et signe de reconnaissance un gilet de sécurité qui renvoie directement à l'univers de l'industrie et de ses normes. Même sans nommer le nucléaire, qui a été largement absent des mots d'ordre et revendications, les gilets jaunes ont, de fait, constitué une sorte de corium populaire, un relâchement massif d'habitants fluo dans l'atmosphère politique, dont certains ont exprimé de façon très explicite leur souhait de renouer des échanges, de résister aux injonctions de confinement. Ce n'est d'ailleurs pas pour rien que les tenants de l'hermétisme ont passé plusieurs mois à leur ordonner de *rester chez eux*.

Grains de sable

Dans son *Journal d'une cervelle radioactive*, publié au sein du recueil *Fukushima et ses invisibles*, Yoko Hayasuke pense à l'étanchéité, au dehors et au dedans, au corps et à son fonctionnement. Le 20 mars 2015, elle écrit ceci: «Est nuisible ce qui vient de l'extérieur et face à quoi il faut défendre l'intérieur à tout prix: voilà une idée intéressante.

Malheureusement, elle ne s'applique pas aux corps déjà abîmés, aux corps qui ont vécu l'accident. Il faut donc abandonner cette image d'un corps intérieur séparé de l'extérieur par un mur d'épiderme. Imaginons plutôt le corps comme un assemblage de micrograins. Au rythme des respirations, les grains se mélangent et le mur disparaît. Le "Moi", toujours ouvert au-dehors, se transforme constamment. Il devient alors impossible de le distinguer des grains de sable dispersés dans le vent. Un ami avec qui vous partagez cette réflexion vous répond : "imaginer les particules radioactives traverser un corps continuellement, c'est encore plus flippant, tu ne trouves pas ?" À vous, une telle porosité paraît nettement moins terrifiante que l'image d'une frontière étanche prise d'assaut. »

L'étanchéité restera toujours un phénomène provisoire, même dans la plus imperméable des sociétés du confinement. En refusant d'enclore nos mondes et nos corps, comme Yoko Hayasuke, nous devenons autant de grains de sable, *portés par le vent*, dans l'engrenage de l'État nucléaire.

Les mots décontaminés

L'un des procédés utilisés par les partisans du confinement et du silence nucléaire a consisté à contaminer notre langage. Au cours des soixante-dix années qui viennent de s'écouler, l'atome a ainsi irradié bien au-delà de ses applications concrètes, s'immisçant jusque dans nos phrases, nos échanges les plus intimes. Prenons quelques exemples de ce type particulier de contamination et voyons s'il serait possible de dire les choses autrement.

Uranium enrichi

Depuis petite, je me suis toujours représenté l'uranium comme une sorte de lingot doré, brillant et lumineux. En réalité, il s'agit d'une matière qui dort paisiblement, sous une forme ni pauvre ni riche, mais dangereuse pour les ouvriers qui sont chargés de l'arracher à sa demeure géologique, jadis dans les sous-sols du Limousin et actuellement encore dans des territoires préemptés tels que le Niger. On «enrichit» l'uranium en le centrifugeant de façon extrême. Lorsqu'il est prêt on l'enferme dans les cuves géantes des réacteurs où son noyau est violemment divisé par l'absorption d'un neutron, dégageant à son tour d'autres neutrons qui vont violemment diviser leurs voisins. Les atomes se désintègrent ainsi les uns les autres et l'humain malin est là pour traire un peu de l'énergie qu'ils dégagent, au fur et à mesure qu'ils s'anéantissent mutuellement. En réfléchissant à ça, je me suis soudain représenté ce combustible moins comme un lingot d'or que comme une sorte de *matière torturée*. Une matière qui, de fait, nous rend la pareille : nous la torturons, elle nous torture.

Électricité nucléaire

En parlant avec quelques amis de ces grandes usines à électricité, je me suis rendu compte que nous avions chacun, ou avions eu dans notre enfance et parfois jusqu'à ce stade avancé de l'enfance que l'on appelle parfois l'âge adulte, des représentations complètement fantasmées du fonctionnement de la *centrale nucléaire*, représentations qui avaient la caractéristique d'être aussi précises que fausses. Leur point commun consistait en ceci que nous avions tendance à surévaluer la complexité technologique de la centrale nucléaire. Petits électrons nés dans les années 1970 et 1980, nourris au rêve de l'atome et de son progrès infini, comme nos parents l'avaient été à celui de la conquête spatiale, il nous semblait évident que l'électricité dite nucléaire devait être d'origine *vraiment nucléaire*. On ne savait pas trop comment, mais une réaction physique magique devait bien avoir lieu quelque part et c'est forcément cette réaction qui produisait de l'électricité.

Pour moi, les grandes tours en béton courbé étaient des sortes de chaudrons dans lesquels des ingénieurs vêtus de blouses blanches cuisinaient la réaction, capturant l'énergie électrique qui s'en dégageait pour la faire rentrer dans des câbles, d'où elles transitaient jusqu'à la lampe électrique à pince fixée sur la bibliothèque à côté de mon lit.

Pour un ami, c'étaient les électrons arrachés à l'atome qui, par un procédé occulte ou en tout cas bien trop compliqué pour être compréhensible de toute autre personne que des ingénieurs nucléaires, produisaient par eux-mêmes et directement une formidable quantité d'électricité, comme l'ébonite sur la pauvre peau de chat. Il avait l'intuition que la vitesse propre des électrons, ou bien l'énergie qu'ils dégageaient en s'arrachant à leur noyau, était ce qui produisait du courant. Mais sur le fait que *l'électricité nucléaire* soit directement produite par les *électrons* libérés lors de la réaction en chaîne, il n'avait aucun doute.

Quand on découvre que la réaction nucléaire produit simplement de grosses chaleurs et que ces chaleurs sont (très partiellement) utilisées pour faire bouillir de l'eau, qui entraîne des turbines, qui produisent de l'électricité, bref quand on réalise qu'une centrale électrique n'est fondamentalement rien d'autre qu'*une bouilloire géante reliée à un gros moulin*, et que le feu nucléaire pourrait aussi bien être un feu de paille ou d'autre chose, sans que cela n'altère en rien son principe de fonctionnement, la magie nucléaire en prend tout de suite un sacré coup. Car c'est un fait : ces centrales génèrent en réalité de *l'électricité à eau bouillie.*

Efficacité énergétique

C'est une donnée dont on ne mesure pas toujours la portée : *un réacteur nucléaire perd les deux tiers de l'énergie qu'il produit, qui se dissipe sous forme de chaleur*. Oui, les deux tiers ! Quelle importance, répondent les exploitants, nos réacteurs produisent de l'énergie à foison et peuvent se permettre le luxe d'avoir des pertes proportionnées, c'est-à-dire immenses. Sauf que d'une part, cette énergie n'est pas réellement « perdue » : elle se retrouve en particulier sous forme de dégagement de chaleur, dévastant fleuves et rivières, poissons, algues, micro-organismes. Pour donner un ordre de grandeur, selon négaWatt, l'énergie ainsi gaspillée par les centrales nucléaires représente grosso modo l'équivalent de la somme totale de chaleur nécessaire pour chauffer l'ensemble des bâtiments de France – logements, bureaux, équipements publics. Pendant ce temps, EDF se permet de nous sermonner sur le thème de l'efficacité énergétique, culpabilisant les particuliers qui habitent des logements mal isolés, communiquant auprès des entreprises pour leur expliquer que la compétitivité dépend de la capacité à « maîtriser la consommation des infrastructures industrielles »[1]. L'efficacité énergétique dont elle fait elle-même preuve, avec un rendement inférieur à 40 %, devrait pourtant l'inciter à commencer par chercher pour elle-même un système plus *efficace*.

Parc nucléaire

Il m'est arrivé d'utiliser ces mots sans y penser. Le-Parc-Nucléaire-Français était une appellation bien pratique, permettant d'évoquer les 58 réacteurs qui couvrent le pays, son gris manteau de centrales. Après tout, on parle bien de parc automobile, de parc à huîtres ou de parc d'attractions. Mais un jour, alors que j'étais assise dans un jardin municipal, je me suis fait la réflexion que je trouvais assez bizarre d'utiliser le mot *parc* accolé au mot *nucléaire*. Le parc m'évoquait quelque chose de

1. « Entreprises, et si vous renforciez votre efficacité énergétique ? », conseils conso d'EDF +.

plutôt vert, en l'occurrence un terrain assez grand avec des arbres, peut-être même des oiseaux et des enfants. Tandis que le mot nucléaire faisait surgir en moi l'image d'une paroi de béton armé et des grillages surmontés de barbelés, ce qui n'avait rien à voir. Par la suite, j'ai appris que l'aspect extérieur des usines avait été savamment élaboré avec l'aide de paysagistes et que leurs grandes pelouses vertes avaient été plantées là exprès pour renforcer cet aspect «naturel». Cela n'est pas une spécificité française et des pays comme l'Ukraine ont été assez loin dans l'usage du parterre de fleurs utilisé pour transformer un pourtour d'installation toxique en promenade du dimanche. J'ai donc décidé de ne plus dire ni écrire *parc nucléaire*, pour ne pas faire la promotion des misérables réalisations paysagistes qu'EDF a commandées afin d'orner ses centrales et de leur donner des airs de jardin technologique.

Centrale nucléaire de Rivne en Ukraine / photo Леонидович.

Piscine nucléaire

On nous la montre à chaque occasion. Qu'elle est belle ! Jaune et bleu, avec ses nuances turquoise, ses lumières étudiées qui évoquent le fond marin, on s'y baignerait. Mais on ne s'y baigne pas, et on fait bien, car la place est déjà prise par le combustible usagé. La radioactivité, d'ailleurs, ne saurait être une chose bien dangereuse puisqu'elle est stoppée net par ce peu d'eau translucide. Je regarde une photo de la piscine nucléaire de la Hague. Oui, elle est belle ! En revanche, si elle se vidait pour une raison ou pour une autre, l'accident majeur serait garanti et les rejets toxiques massifs. Elle n'est peut-être plus si belle, du coup. D'ailleurs, on ne le voit pas car les communicants d'EDF interdisent de le filmer trop explicitement, mais son toit est constitué d'une banale tôle. Elle est dangereuse, quand même, cette jolie piscine bleu turquoise où des piles usées brûlantes sont stockées à l'air quasiment libre. Je me demande d'ailleurs si on ne m'a pas appris à la trouver jolie, à grand renfort de souvenirs heureux dans des piscines municipales industrielles qui ont été ouvertes au public au moment même où les piscines nucléaires étaient massivement déployées sur le territoire[1]. Mais si on fait abstraction de son apparence irisée pour s'en tenir à sa fonction, il ne s'agit pas d'une piscine au sens nautique du terme. Pour compléter les nombreux acronymes atomiques, on pourrait par exemple l'appeler BOR pour *benne à ordures réfrigérée* ou FMME, pour *fosse à matières mortelles encapsulées.*

---

1. Le plan « 1 000 piscines » a été déployé en France entre 1969 et 1980, aboutissant à la construction de plusieurs centaines de piscines industrielles chauffées. À leur propos, la Cour des comptes note dans un rapport publié en 2018 que « de nombreux équipements sont en fin de vie [...], l'âge médian du parc s'établissant à 40 ans pour des bassins d'ancienne génération, issus pour beaucoup du plan "1 000 piscines" [...] ».

Propre

Il faudrait demander aux voisins de Tchernobyl ou de Fukushima s'ils trouvent le nucléaire *propre*. Il faudrait voir avec les riverains de la Hague dont l'eau porte des traces de contamination au plutonium[1], s'ils n'ont pas, tout de même, l'impression que cette eau est au contraire particulièrement *souillée*. En tout cas, bien avant que l'adjectif ne connaisse son succès médiatique actuel en étant associé au dérèglement climatique et utilisé comme synonyme de faible émission carbone, la notion de *propreté* avait déjà été très largement utilisée par l'industrie nucléaire dès le lancement du programme Messmer, dans les années 1970. Officiellement, le mot *propre* permettait d'insister sur le caractère présumé non polluant de la production, par opposition aux salissants hydrocarbures. Mais il avait aussi un autre sens, en arrière-plan : après Hiroshima et Nagasaki, le nucléaire était encore, dans l'esprit de millions de personnes, cette technologie qui avait réduit deux villes en cendres, brûlé vifs des enfants et provoqué d'innombrables scènes d'horreur. Par opposition au nucléaire militaire, au *nucléaire sale de la bombe*, la communication officielle a tout fait pour véhiculer auprès du public l'idée de ce que nous étions en train d'assister à l'avènement d'un nouveau nucléaire : *le nucléaire propre de l'électricité,* autrement dit le nucléaire civil, le nucléaire poli, le nucléaire brillant, le nucléaire utile. Cela a pu fonctionner tant que ces grosses usines passaient pour « modernes ». Les interviews des responsables se déroulaient alors toujours en blouse blanche, devant les tableaux de commande sérigraphiés, avec un immuable rituel

1. « La Hague. Areva confirme une pollution au plutonium », *Ouest France*, 2 mars 2017.

situé à mi-chemin entre l'esthétique de l'hôpital et celui de la tour de contrôle. Mais aujourd'hui, le design intérieur des centrales paraît *tellement rétro* qu'il est plus fréquent de voir les interviews des directeurs et ingénieurs se dérouler à l'extérieur des enceintes – après 40 ans d'exploitation, le nucléaire est nettement plus «propre» vu de dehors que du dedans.

Décontamination

Deux rendez-vous qui tombent en même temps? Il suffit de décommander l'un d'eux. Une porte fermée qui ne devrait pas l'être? Hop, c'est réglé, on la déverrouille. Une maille oubliée? On détricote le rang. Un coude éraflé? On désinfecte. Des mauvaises herbes envahissantes au fond du jardin? On débroussaille. Un compte mail devenu inutile? On désactive. Des milliers d'hectares contaminés pour des centaines de milliers d'années autour de Fukushima? On décontamine.

Comme si c'était possible. Comme si mettre un masque antipoussière et passer un jet d'eau sur les murs d'une maison contaminée par la radioactivité suffisait à la rendre de nouveau *habitable*. La vérité, c'est que l'on contamine, oui. Mais on ne décontamine pas. Ce qui est contaminé le reste, tout au plus arrive-t-on à déplacer quelques-unes des particules émettant les rayonnements assassins, au prix d'efforts titanesques, en les promenant d'un toit vers un méga-container collectant les eaux utilisées pour la décontamination, et donc elles-mêmes contaminées. Au mieux, on parvient à transporter le sable contaminé d'un jardin public vers un grand bac à sable dans un centre de stockage durablement provisoire, qui va libérer progressivement son poison. Mais on ne décontamine pas. Il reste de la radioactivité partout, aussi bien là où on en a enlevé un peu que là où l'on en a remis beaucoup. La radioactivité n'est pas propre, et pourtant elle ne se nettoie pas. N'est-ce pas la preuve qu'il nous faut de nouveaux mots pour penser cette nouvelle chose, qui n'existait pas il y a encore un siècle et qui désormais existera pour toujours ?

* * *

Ce qui finit aujourd'hui, bien au-delà de la chute chaotique d'une industrie, c'est *le nucléaire en nous*. Forts de cette modification intime, nous savons désormais comment briser le silence des enceintes infranchissables, comment décontaminer les mots malheureux par lesquels nos parents se sont jadis laissé capturer. Dans l'admiration ou dans l'horreur, la fascination a cessé d'exercer ses contre-feux, dévoilant un triste entrelacs de débris, que nous avons contemplé un instant : depuis, nous n'avons plus eu peur de manquer de lumière. Les éclats changeants du soleil nous animent, remplaçant l'ancienne lueur, dure et continue, des écrans. Libérés des mysticismes, nous goûtons les sensations retrouvées d'une courte vie, sachant que celle des enfants qui jouent en ce moment même au-dehors sera plus courte encore si nous reproduisons l'erreur, l'échec parfois, de nos parents ; les pièges du mystère nucléaire ne se refermeront plus sur nous. En réalité, la noire lumière qui jaillit furieusement des autoroutes électriques, dont nous avons autrefois eu peur d'être privés, ne nous a jamais illuminés. Lorsque nous l'avons perdue, elle ne nous a pas fait défaut. Nous n'avons eu qu'à débrancher, à lâcher prise. Tel un aimant démagnétisé, un tour de magie dont le secret serait par accident apparu au grand jour, le charme désuet de la *fée électricité* a été rompu. Mais comment avons-nous pu nous laisser prendre ?

Lettre de rupture

Je t'ai aimé jadis d'une belle passion
La nuit était propice aux tendres effusions
Je marchais dans la ville et chaque réverbère
Me fredonnait tranquille un refrain de lumière

Je t'ai aimé jadis et n'aurais jamais cru
Qu'un jour cela finisse, qu'un jour je sois déçue
Que de toi je me lasse, que je n'en puisse plus
Mais tu vois le temps passe et ce jour est venu

Je t'aimais autrefois d'une passion diffuse
Jamais je n'avais froid, tu réchauffais ma muse
Dans l'hiver rigoureux, collée au radiateur
Nous partagions, heureux, une douce chaleur

Je t'aimais simplement, presque sans y penser
Et depuis si longtemps que j'aurais pu rester
Comme noyée dans la masse de nos vies quotidiennes
Mais entre nous hélas ! C'est de l'histoire ancienne…

Je t'aimais autrefois avec tant d'insouciance
Et je comptais sur toi – quelle folie quand j'y pense !
Je n'imaginais pas les dangers encourus
Tu t'es moqué de moi, on ne m'y prendra plus

Tes châteaux de béton nous séparent à jamais
Lassée des illusions de nos vies confinées
Je te quitte aujourd'hui le cœur plein de griefs
Notre histoire est finie, EDF.

Chez le même éditeur

Giorgio Agamben, Alain Badiou, Daniel Bensaïd, Wendy Brown, Jean-Luc Nancy, Jacques Rancière, Kristin Ross, Slavoj Žižek, *Démocratie, dans quel état ?*

Tariq Ali, *Obama s'en va-t-en guerre.*

Zahra Ali (dir.), *Féminismes islamiques.*

Grey Anderson, *La guerre civile en France, 1958-1962. Du coup d'État gaulliste à la fin de l'OAS.*

Sophie Aouillé, Pierre Bruno, Franck Chaumon, Guy Lérès, Michel Plon, Erik Porge, *Manifeste pour la psychanalyse.*

Bernard Aspe, *L'instant d'après. Projectiles pour une politique à l'état naissant.*

Éric Aunoble, *La Révolution russe, une histoire française. Lectures et représentations depuis 1917.*

Alain Badiou, *Petit panthéon portatif.*

Alain Badiou, *L'aventure de la philosophie française. Depuis les années 1960.*

Alain Badiou, *Petrograd, Shanghai. Les deux révolutions du XXe siècle.*

Alain Badiou & Eric Hazan, *L'antisémitisme partout. Aujourd'hui en France.*

Alain Badiou, Pierre Bourdieu, Judith Butler, Georges Didi-Huberman, Sadri Khiari, Jacques Rancière, *Qu'est-ce qu'un peuple ?*

Jean-Christophe Bailly, Jean-Marie Gleize, Christophe Hanna, Hugues Jallon, Manuel Joseph, Jacques-Henri Michot, Yves Pagès, Véronique Pittolo, Nathalie Quintane, *« Toi aussi, tu as des armes ». Poésie & politique.*

Moustapha Barghouti, *Rester sur la montagne. Entretiens sur la Palestine avec Eric Hazan.*

Omar Barghouti, *Boycott, désinvestissement, sanctions. BDS contre l'apartheid et l'occupation de la Palestine.*

Jean Baumgarten, *Un léger incident ferroviaire. Récit autobiographique.*

Marc Belissa & Yannick Bosc, *Le Directoire. La république sans la démocratie.*

Mathieu Bellahsen, *La santé mentale. Vers un bonheur sous contrôle.*

Walter Benjamin, *Essais sur Brecht.*

Walter Benjamin, *Baudelaire*. Édition établie par Giorgio Agamben, Barbara Chitussi et Clemens-Carl Härle.

Daniel Bensaïd, *Les dépossédés. Karl Marx, les voleurs de bois et le droit des pauvres.*

Daniel Bensaïd, *Tout est encore possible. Entretiens avec Fred Hilgemann.*

Marc Bernard, *Faire front. Les journées ouvrières des 9 et 12 février 1934.* Introduction de Laurent Lévy

Jacques Bidet, *Foucault avec Marx.*

Bertrand Binoche, *« Écrasez l'infâme ! ». Philosopher à l'âge des Lumières.*

Ian H. Birchall, *Sartre et l'extrême gauche française. Cinquante ans de relations tumultueuses.*

Auguste Blanqui, *Maintenant, il faut des armes. Textes présentés par Dominique Le Nuz.*

Matthieu Bonduelle, William Bourdon, Antoine Comte, Paul Machto, Stella Magliani-Belkacem & Félix Boggio Éwangé-Épée, Gilles Manceron, Karine Parrot, Géraud de la Pradelle, Gilles Sainati, Carlo Santulli, Evelyne Sire-Marin, *Contre l'arbitraire du pouvoir. 12 propositions.*

Félix Boggio Éwangé-Épée & Stella Magliani-Belkacem, *Les féministes blanches et l'empire*.

Bruno Bosteels, *Alain Badiou, une trajectoire polémique*.

Houria Bouteldja, *Les Blancs, les Juifs et nous. Vers une politique de l'amour révolutionnaire*.

Philippe Buonarroti, *Conspiration pour l'égalité, dite de Babeuf*. Présentation de Sabrina Berkane.

Pilar Calveiro, *Pouvoir et disparition. Les camps de concentration en Argentine*.

Laurent Cauwet, *La domestication de l'art. Politique et mécénat*.

Grégoire Chamayou, *La société ingouvernable. Une généalogie du libéralisme autoritaire*.

Grégoire Chamayou, *Théorie du drone*.

Grégoire Chamayou, *Les chasses à l'homme*.

Louis Chevalier, *Montmartre du plaisir et du crime*. Préface d'Eric Hazan.

Ismahane Chouder, Malika Latrèche, Pierre Tevanian, *Les filles voilées parlent*.

George Ciccariello-Maher, *La révolution au Venezuela. Une histoire populaire*.

Cimade, *Votre voisin n'a pas de papiers. Paroles d'étrangers*.

Comité invisible, *À nos amis*.

Comité invisible, *L'insurrection qui vient*.

Comité invisible, *Maintenant*.

Angela Davis, *Une lutte sans trêve*. Sous la direction de Frank Barat.

Joseph Déjacque, *À bas les chefs! Écrits libertaires*. Présenté par Thomas Bouchet.

Christine Delphy, *Classer, dominer. Qui sont les « autres » ?*

Alain Deneault, *Offshore. Paradis fiscaux et souveraineté criminelle*.

Raymond Depardon, *Images politiques*.

Raymond Depardon, *Le désert, allers et retours*. Propos recueillis par Eric Hazan.

Yann Diener, *On agite un enfant. L'État, les psychothérapeutes et les psychotropes*.

Cédric Durand (coord.), *En finir avec l'Europe*.

Dominique Eddé, *Edward Said, le roman de sa pensée*.

Éric Fassin, Carine Fouteau, Serge Guichard, Aurélie Windels, *Roms & riverains. Une politique municipale de la race*.

Jean-Pierre Faye, Michèle Cohen-Halimi, *L'histoire cachée du nihilisme. Jacobi, Dostoïevski, Heidegger, Nietzsche*.

Silvia Federici, *Le capitalisme patriarcal*.

Norman G. Finkelstein, *L'industrie de l'holocauste. Réflexions sur l'exploitation de la souffrance des Juifs*.

Charles Fourier, *Vers une enfance majeure. Textes présentés par René Schérer*.

Joëlle Fontaine, *De la résistance à la guerre civile en Grèce. 1941-1946*.

Françoise Fromonot, *La comédie des Halles. Intrigue et mise en scène*.

Isabelle Garo, *L'idéologie ou la pensée embarquée*.

Antonio Gramsci, *Guerre de mouvement et guerre de position. Textes choisis et présentés par Razmig Keucheyan*.

Christophe Granger, *La destruction de l'université française*.

Daniel Guérin, *Autobiographie de jeunesse. D'une dissidence sexuelle au socialisme*.

Chris Harman, *La révolution allemande.*

Amira Hass, *Boire la mer à Gaza, chroniques 1993-1996.*

Eric Hazan, *Chronique de la guerre civile.*

Eric Hazan, *Notes sur l'occupation. Naplouse, Kalkilyia, Hébron.*

Eric Hazan, *Paris sous tension.*

Eric Hazan, *Une histoire de la Révolution française.*

Eric Hazan & Kamo, *Premières mesures révolutionnaires.*

Eric Hazan, *La dynamique de la révolte. Sur des insurrections passées et d'autres à venir.*

Eric Hazan, *Pour aboutir à un livre.*

Eric Hazan, *À travers les lignes. Textes politiques.*

Henri Heine, *Lutèce. Lettres sur la vie politique, artistique et sociale de la France.*

Victor Hugo, *Histoire d'un crime. Déposition d'un témoin.*

Hongsheng Jiang, *La Commune de Shanghai et la Commune de Paris.*

Raphaël Kempf, *Ennemis d'État. Les lois scélérates des anarchistes aux terroristes.*

Sadri Khiari, *La contre-révolution coloniale en France. De de Gaulle à Sarkozy.*

Stathis Kouvélakis, *Philosophie et révolution.*

Yitzhak Laor, *Le nouveau philosémitisme européen et le « camp de la paix » en Israël.*

Georges Labica, *Robespierre. Une politique de la philosophie.*

Henri Lefebvre, *La proclamation de la Commune. 26 mars 1871.*

Gustave Lefrançais, *Souvenirs d'un révolutionnaire.* Préface de Daniel Bensaïd.

Lénine, *L'État et la révolution. Présentation de Laurent Lévy.*

Mathieu Léonard, *L'émancipation des travailleurs. Une histoire de la Première Internationale.*

Gideon Levy, *Gaza. Articles pour* Haaretz *(2006-2009).*

Laurent Lévy, *"La gauche", les Noirs et les Arabes.*

Frédéric Lordon, *Capitalisme, désir et servitude. Marx et Spinoza.*

Frédéric Lordon, *Imperium. Structures et affects des corps politiques.*

Frédéric Lordon, *Vivre sans ? Institutions, police, argent, travail.* Conversation avec Félix Boggio Éwanjé-Épée.

Herbert Lottman, *La chute de Paris.*

Pierre Macherey, *De Canguilhem à Foucault, la force des normes.*

Pierre Macherey, *La parole universitaire.*

Gilles Magniont, Yann Fastier, *Avec la langue. Chroniques du « Matricule des anges ».*

Andreas Malm, *L'Anthropocène contre l'histoire. Le réchauffement climatique à l'ère du capital.*

Karl Marx, *Sur la question juive. Présenté par Daniel Bensaïd.*

Karl Marx, Friedrich Engels, *Inventer l'inconnu. Textes et correspondance autour de la Commune. Précédé de « Politique de Marx » par Daniel Bensaïd.*

Joseph A. Massad, *La persistance de la question palestinienne.*

Albert Mathiez, *La Réaction thermidorienne. Introduction de Yannick Bosc et Florence Gauthier.*

Louis Ménard, *Prologue d'une révolution (février-juin 1848). Présenté par Maurizio Gribaudi.*

Jean-Yves Mollier, *Une autre histoire de l'édition française.*

Elfriede Müller & Alexander Ruoff, *Le polar français. Crime et histoire.*

Alain Naze, *Manifeste contre la normalisation gay.*

Olivier Neveux, *Contre le théâtre politique.*

Dolf Oehler, *Juin 1848, le spleen contre l'oubli. Baudelaire, Flaubert, Heine, Herzen Marx.*

François Pardigon, *Épisodes des journées de juin 1848.*

La Parisienne Libérée, *Le nucléaire, c'est fini.*

Karine Parrot, *Carte blanche. L'État contre les étrangers.*

Nathalie Quintane, *Les années 10.*

Nathalie Quintane, *Ultra-Proust. Une lecture de Proust, Baudelaire, Nerval.*

Alexander Rabinowitch, *Les bolcheviks prennent le pouvoir. La révolution de 1917 à Petrograd.*

Jacques Rancière, *Le partage du sensible. Esthétique et politique.*

Jacques Rancière, *Le destin des images.*

Jacques Rancière, *La haine de la démocratie.*

Jacques Rancière, *Le spectateur émancipé.*

Jacques Rancière, *Moments politiques. Interventions, 1977-2009.*

Jacques Rancière, *Les écarts du cinéma.*

Jacques Rancière, *La leçon d'Althusser*

Jacques Rancière, *Le fil perdu. Essais sur la fiction moderne.*

Jacques Rancière, *En quel temps vivons-nous ? Conversation avec Eric Hazan.*

Jacques Rancière, *Les temps modernes. Art, temps, politique.*

Textes rassemblés par J. Rancière & A. Faure, *La parole ouvrière 1830-1851.*

Tanya Reinhart, *L'héritage de Sharon. Détruire la Palestine, suite.*

Mathieu Rigouste, *La domination policière. Une violence industrielle.*

Robespierre, *Pour le bonheur et pour la liberté. Discours choisis.*

Kristin Ross, *L'imaginaire de la Commune*

Julie Roux, *Inévitablement (après l'école).*

Christian Ruby, *L'Interruption Jacques Rancière et la politique.*

Alain Rustenholz, *De la banlieue rouge au Grand Paris. D'ivry à Clichy et de Saint-Ouen à Charenton.*

Malise Ruthven, *L'Arabie des Saoud. Wahhabisme, violence et corruption.*

Gilles Sainati & Ulrich Schalchli, *La décadence sécuritaire.*

Saint-Just, *Rendre le peuple heureux.* Textes établis et présentés par Pierre-Yves Glasser et Anne Quennedey.

Julien Salingue, *La Palestine des ONG. Entre résistance et collaboration.*

Thierry Schaffauser, *Les luttes des putes.*

André Schiffrin, *L'édition sans éditeurs.*

André Schiffrin, *Le contrôle de la parole. L'édition sans éditeurs, suite.*

André Schiffrin, *L'argent et les mots.*

Ivan Segré, *Le manteau de Spinoza. Pour une éthique hors la Loi.*

Ivan Segré, *Judaïsme et révolution.*

Ella Shohat, *Le sionisme du point de vue de ses victimes juives.*

Les juifs orientaux en Israël.

Eyal Sivan & Eric Hazan, *Un État commun. Entre le Jourdain et la mer.*

Eyal Sivan & Armelle Laborie, *Un boycott légitime. Pour le BDS universitaire et culturel d'Israël.*

Jean Stern, *Les patrons de la presse nationale. Tous mauvais.*

Syndicat de la Magistrature, *Les Mauvais jours finiront. 40 ans de combats pour la justice et les libertés.*

Marcello Tarì, *Autonomie ! Italie, les années 1970.*

N'gugi wa Thiong'o, *Décoloniser l'esprit.*

E.P. Thompson, *Temps, discipline du travail et capitalisme industriel.*

Tiqqun, *Théorie du Bloom.*

Tiqqun, *Contributions à la guerre en cours.*

Tiqqun, *Tout a failli, vive le communisme!*

Alberto Toscano, *Le fanatisme. Modes d'emploi.*

Enzo Traverso, *La violence nazie, une généalogie européenne.*

Enzo Traverso, *Le passé : modes d'emploi. Histoire, mémoire, politique.*

Françoise Vergès, *Un féminisme décolonial.*

Louis-René Villermé, *La mortalité dans les divers quartiers de Paris.*

Sophie Wahnich, *La liberté ou la mort. Essai sur la Terreur et le terrorisme*

Michel Warschawski (dir.), *La révolution sioniste est morte. Voix israéliennes contre l'occupation, 1967-2007.*

Michel Warschawski, *Programmer le désastre. La politique israélienne à l'œuvre.*

Eyal Weizman, *À travers les murs. L'architecture de la nouvelle guerre urbaine.*

Slavoj Žižek, *Mao. De la pratique et de la contradiction.*

Collectif, *Le livre : que faire ?*

Cet ouvrage a été reproduit et achevé
d'imprimer par l'Imprimerie CPI Firmin Didot
à Mesnil-sur-l'Estrée en janvier 2020.
Numéro d'impression : 156800
Dépôt légal : 4e trimestre 2019.
Imprimé en France.